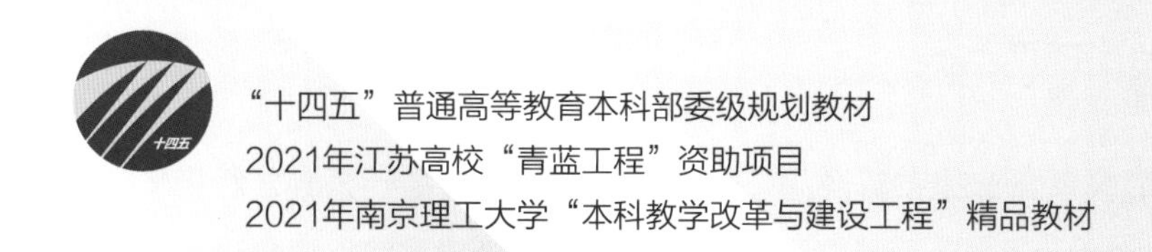

"十四五"普通高等教育本科部委级规划教材
2021年江苏高校"青蓝工程"资助项目
2021年南京理工大学"本科教学改革与建设工程"精品教材

YONGHU ZHONGXIN SHEJI DAOLUN

用户中心设计导论（第2版）

丁一　张铁　**编著**

中国纺织出版社有限公司

内 容 提 要

本书为“十四五”普通高等教育本科部委级规划教材，2021年江苏高校“青蓝工程”资助项目，2021年南京理工大学“本科教学改革与建设工程”精品教材。

本书以提供用户中心设计相关的基础知识为主要目标，以用户中心设计的国际标准为核心，从其产业应用现状和社会背景出发，详述用户中心设计这一思维模式在用户体验设计、工业设计及包装设计等方面的操作流程及实践方法。

本书主要面向高等学校工业设计专业和视觉传达专业的学生，作为学习交互设计和工业设计相关知识的专业教材，也可供其他相关专业选用。

图书在版编目（CIP）数据

用户中心设计导论 / 丁一，张铁编著. -- 2版. -- 北京：中国纺织出版社有限公司，2024.12

“十四五”普通高等教育本科部委级规划教材

ISBN 978-7-5229-1575-3

Ⅰ. ①用…　Ⅱ. ①丁…　②张…　Ⅲ. ①工业设计－高等学校－教材　Ⅳ. ①TB47

中国国家版本馆CIP数据核字（2024）第061844号

责任编辑：郭　沫　魏　萌　　责任校对：高　涵

责任印制：王艳丽

中国纺织出版社有限公司出版发行

地址：北京市朝阳区百子湾东里A407号楼　邮政编码：100124

销售电话：010—67004422　传真：010—87155801

http://www.c-textilep.com

中国纺织出版社天猫旗舰店

官方微博 http://weibo.com/2119887771

北京通天印刷有限责任公司印刷　各地新华书店经销

2020年11月第1版　2024年12月第2版第1次印刷

开本：787×1092　1/16　印张：9.75

字数：226千字　定价：52.80元

凡购本书，如有缺页、倒页、脱页，由本社图书营销中心调换

前言

随着时代的进步，设计的内涵早已从建筑、工业产品、服装扩展到交互界面、服务、商业模式等无实体的事物上，但当我们探究设计的本质时会发现，为用户追求幸福、实现价值的内核并无本质区别，尤其在这个信息爆炸、商品富足的时代，产品能否为用户带来便利和愉悦的体验越发成为企业赢得市场竞争的关键因素。作为产品的设计者和开发者，必须将用户置于产品设计流程的核心地位。因此，用户中心设计不仅是作为设计专业的一个术语，亦为设计所遵循的重要理念，并在众多设计实践中逐步积累相关的方法论。

用户中心设计作为一种被纳入国际标准体系的设计流程，这一概念源于美国加利福尼亚大学圣地亚哥分校的唐纳德·A. 诺曼（Donald A. Norman）所提出的一系列设计准则。诺曼所提出的准则被广泛用于交互设计领域，并在此后出现了以用户中心设计为名、以提供多阶段问题解决方案流程为目标的国际标准ISO 13407：1999及其改进版本ISO 9241—210：2010，这可被视为狭义的用户中心设计。与此同时，若反观诺曼提出相关概念的论著可以发现，其中不乏从各类产品乃至生活细节出发论证相关理论的语境，因此尽管用户中心设计的实践最常见于交互设计领域，但其内核适用于多个设计领域。毕竟针对任何事物的设计都应该从用户的角度出发思考问题、规划解决方案，将用户的需求、期望和体验放在首位，此为设计在商业逻辑中的必然要求，这种理解或许可以被视为广义的用户中心设计。

本教材面向设计专业的初学者，旨在通过探讨用户中心设计的重要性、介绍用户中心设计的相关理论基础，并提供一套系统化的方法论和实践指南，帮助读者初步掌握用户中心设计的原则和技巧。从全书结构来看，本教材自用户设计的学术概念及相关国际标准出发，对人因工程学、消费者心理学及其在用户中心设计中的应用展开详细论述，不限于交互领域，而是从工业设计、环境设计、视觉传达设计等领域广泛选取案例进行深入浅出地讲解，力求展现广义的用户中心设计，希望将这一理念传达给有志于在更广阔领域内学习、钻研的读者。在此基础上将相关基础知识与用户体验设计加以结合，阐述在交互设计、服务设计等领域的设计原则。最后介绍的若干设计方法论虽然多用于交互设计，但相当一部分也被应用在工业设计、视觉传达设计等领域，不拘泥于设计对象的限制而是追求理论知识的广泛实践亦为本教材的初衷。

第1版教材是编者基于前述结构的初步尝试，一方面因为部分标准和案例在出版后的更新需要在教材中得到反映，另一方面教材本身的部分论述基于在教学实践中所获得的经验和反馈也有待改进，正如本教材强调以用户为中心的设计应重视用户的意见，以用户中心设计为主题的教材更应该重视读者的心声，通过再版优化教材。为了让本书的论述更严谨、内容更全面、效果更突出，本次再版引入了权威的编著伙伴，参考了部分读者的反馈，并借鉴了国内外最新的案例，力求为设计专业的初学者呈现一本更加完备而实用的教材。最后，衷心感谢选择《用户中心设计导论》的读者，希望本书能够对各位有志于学习设计的读者有所帮助，祝愿各位读者在设计的道路上取得辉煌的成就。

丁一

2024年2月26日 于南京

第1版 前言

设计的内涵随着时代的发展在进步，设计曾被视为工艺美术或装饰艺术，其内容仅限于为包装和产品赋予视觉装饰元素。但包括制造业在内各产业的蓬勃发展为“设计”这一概念的不断进化提供了肥沃的土壤，随着产业实践和学术探索逐渐突破既有的藩篱，“设计”这一行为或者说产业，其作用的对象及其指导思想都在不断演变。

当我们翻开教科书查阅曾经的设计案例，设计的对象多集中于纸面图像、楼宇建筑及民用工业制品，但是随着经济形态的演变和商业模式的拓展，设计思维早已渗透进日常生活的方方面面：平面设计从海报设计和书面装帧逐渐拓展为包括企业形象设计（Corporate Identity）、展示设计、视觉环境设计等在内的视觉传达；与建筑设计相关的景观设计、公共设计等领域也逐渐为人所熟知；而工业设计更是随着民用工业制品种类的极大丰富不断扩展着自己的影响范围；随着计算机和互联网技术的诞生和发展，交互设计已经成为设计行业中的重要一支；此外，互联网产业的发展使得有形产品和无形服务间的联系日益紧密，在此背景下，服务设计和社会系统设计等全新领域近年也受到设计界的日益重视。设计对象的演变是“设计”这一产业在国民经济生活中不断拓展的重要表现。

从设计的指导思想而言，如果说芝加哥学派、维也纳分离派和德意志制造联盟的活动反映了19世纪和20世纪之交的设计师摆脱复古思维后对工业化生产中设计美学的单纯思考，苏联构成派和以包豪斯为代表的现代主义则融入了20世纪前期的设计师对社会价值的思考，战后的理性主义、后现代主义、绿色设计等种种风格无不是特定历史背景下公众思潮在设计领域的投影。在设计美学中发挥作用的因素不仅仅是公众思潮，人因工程学、设计心理学、感性工学等设计相关学科的产生和导入也极大地促进了设计指导思想的嬗变，使设计从设计师基于自身美学素养的单纯造型活动，变为以人为基本导向，通过美学、功能、技术、材质等要素的综合与相互作用，达到满足用户生理、心理和社会需求的综合性商业行为。指导思想的演变是“设计”这一产业在国民经济生活中不断深化的重要表现。

设计的拓展和深化不仅加强了设计在现代生活诸多方面的重要性，也为设计师提出了新时代的使命，即在日益多元的产业形态中满足人们日益多元的需求。为了做到这一点，需要设计师掌握相关的方法论以便于准确定位用户属性、深入挖掘用户需求、迅速获取用户反馈，并将前期调研准确地转化为设计成果。

用户中心设计这一新的设计思维萌芽于设计的新领域——交互设计并非偶然，系统和网页的用户界面不仅没有既往设计模式的束缚，又格外需要用户在缺乏经验前提下的迅速理解，因此对于紧贴用户展开的设计方法具有最迫切的需求。这一设计思维不仅符合交互设计的需要，也和工业设计等的最终需求一致，加之互联网、物联网的发展使很多传统工业产品可以被视为服务系统的节点，用户中心设计的思维也开始应用于工业设计等传统设计领域。

我国当前的互联网行业及与之相关的制造、服务产业发展迅速，不仅已经有很多商业模式成熟、发展前景良好的知名企业，还有很多明日之星仍处于孵化阶段，企业高度渴求包括设计人才在内的大量生力军加入。设计师及其活动作为用户和产品、服务之间的桥梁，承担着以感官为渠道直接向用户传达企业形象与价值的任务，对于用户中心设计理念的把握有助于他们在产品和服务的设计中充分重视用户体验，以更优良的设计传递这个时代应有的价值。设计师在其成长道路上不仅需要实践的锤炼，也需要理论知识的积累，本书将理论规范与设计案例相结合，为学习交互设计、工业设计和其他相关设计的学生提供以实践流程与方法为主的内容，希望能为有志者在接触这一领域时提供些许帮助。

编著者

2020年7月19日 于南京

教学内容及课时安排

章/课时	课程性质/课时	节	课程内容
第1章/2	理论/18	·	绪论
		1	何为用户中心设计
		2	用户中心设计的重要性
		3	用户中心设计的理论构成
		4	用户中心设计的基本原则
		5	用户中心设计的应用
第2章/4		·	用户中心设计的基本流程
		1	用户中心设计的国内外标准
		2	用户中心设计流程及其内容
		3	用户中心设计理念的实践与启示
第3章/6		·	消费心理学与用户中心设计
		1	消费心理学概述
		2	需要与动机
		3	感知、记忆与学习
		4	特征、态度与决策
		5	从消费者的心理分析到产品策略
		6	消费心理学在用户中心设计中的应用
第4章/6		·	人因工程学与用户中心设计
		1	人因工程学概述
		2	用户的生理特性
		3	用户的心理特征
		4	环境的影响
		5	人因工程学在用户中心设计中的应用
第5章/6	理论实践/14	·	用户体验设计
		1	用户体验对设计的重要性
		2	用户体验设计的领域与对象
		3	消费心理学与人因工程学在用户体验设计中的应用
		4	用户体验设计的若干原则
第6章/8		·	用户中心设计的常用方法
		1	用户中心设计方法概述
		2	分析使用背景的常用方法
		3	分析用户要求的常用方法
		4	提出设计方案的常用方法
		5	设计评价的常用方法

注 各院校可根据自身的教学特点和教学计划对课程时数进行调整。

目录

第1章　绪　论

课题内容： 用户中心设计的内涵、产生背景和发展现状。

课题时间： 2课时

教学目的： 帮助学生掌握用户中心设计这一理念的内涵及其产生背景、发展现状，并使他们了解本门课程的知识结构和教学意义。

教学方式： 课堂讲解理论知识

教学要求： 1.对用户中心设计的定义进行详细解说。

2.对用户中心设计产生的重要性和必然性进行深入阐述。

1.1 何为用户中心设计

近年来，无论是交互设计还是工业设计领域，用户中心设计（User Centered System Design）的概念时有耳闻。顾名思义，用户中心设计要求以用户为中心推进设计流程，它不仅符合“设计”这一行为背后的商业逻辑，也有助于设计者提出贴近用户需求的设计，但这一概念并非基于常识的倡议，而是建立在长期实践基础上的体系化思维。

1.1.1 用户中心设计的定义

用户中心设计是近年来设计界和设计学术界颇受推崇的概念，它是一种始终将用户放置于设计流程中心位置的思考方式，这一思考方式的关键在于从用户需求出发确定设计目标，并以用户需求为评判基准提供合适且易于使用的产品或服务。用户中心设计可以被形容为一个分段式设计流程，这一流程要求设计者基于市场调查和用户研究预测目标用户的行为模式，并且通过模拟测试进行验证和改进。用户中心设计要求设计团队采取不同于以项目负责人为中心的设计流程，将用户视角纳入设计思考并贯穿整个设计流程。

1.1.2 用户中心设计思想的缘起和普及

用户中心设计这个概念最早由认知科学领域的著名美国学者唐纳德·A.诺曼（Donald A. Norman）提出。诺曼是将用户中心设计导入设计研究和教育领域的开拓者，自20世纪60年代以来，他一直是人机交互领域的先驱。诺曼曾经在苹果公司高级技术团队负责用户体验架构的相关工作，同时在加州大学圣地亚哥分校的管理设计实验室参与相关研究，此外，还是人机交互和用户体验咨询公司尼尔森诺曼集团的创始人之一，他进行了长期的设计、科研与教育工作，并且出版了一系列重要著作。诺曼长期以来的学术活动不仅为他本人赢得一系列宝贵的学术声誉，更重要的是推动了用户中心设计理念的普及。

诺曼在和史蒂芬·W.德雷珀（Stephen W. Draper）于1986年合著的《以用户为中心的系统设计：人机交互的新视角》（*User Centered System Design: New Perspectives on Human-Computer Interaction*）一书中，首先提出了从用户需求出发考虑交互界面的设计，并由此规划系统整体设计的思路，因此用户中心设计的思想首先出现在系统设计学领域。本书强调从用户的思维方式出发规划设计，而不是要求用户去适应设计，可视为用户中心设计思想的重要起源之一。

此后，人因工程学领域的英国学者布莱恩·夏克尔（Brian Shackel）在和西蒙·理查德森（Simon Richardson）共著的*Human Factors for Informatics Usability*一书中，对用户中心设计的流程进行了初步阐述，提出了理解用户、接触用户和对产品易用性的重视。关于用户中心设计，布莱恩等主要关注设计师对设计目标的理解及作业流程的把握。

诺曼、布莱恩等都是设计学领域中对用户中心设计的相关概念进行较早关注的典型代表人物，从20世纪80年代中后期到90年代，这一概念主要关注在系统设计中如何通过对目标用户的认知构造、行为模式的把握来设计易用的交互界面，这也是在个人计算机系统的发展初期学者们对系统设计的主要关注点。

除了英美学者，成立于2005年的人类中心设计机构（Human Centered Design Organization）是在日本国内及亚洲地区推广用户中心设计思想的实践者。人类中心设计机构的宗旨是通过产学研结合的形式，为用户中心设计思想的推广提供支持，该机构得到了诸如东芝、索尼、三菱电机、NEC、富士通、欧姆龙和京瓷等制造业巨头的支持，并网罗了一批在前述企业有丰富工作经验、现任职于大学或研究机构的学者，为实现推广用户中心研究的宗旨进行诸如学术交流、职业培训、资格认证和图书出版等一系列活动，并在一定范围内产生了较为广泛的影响。

1.2 用户中心设计的重要性

用户中心设计诞生于计算机领域对系统的交互设计的思考，但因其内涵符合多个领域设计行为的内在逻辑，因此其作用范围逐渐扩大，可以在广泛的领域内指导多种产品的设计思考和实践，并且将不同学科的理论融为一体，进而形成了较为体系化的方法论。

1.2.1 从用户视角看产品

设计的本源在于规划用户与产品之间的关系。设计行为不仅赋予人造物的功能，也赋予其形式，为了更好地实现人造物的功能，需要配合以形式使产品更好地满足用户的生理、心理和社会需求。因此一把椅子不仅要实现坐的功能，还要让用户坐得舒服，最好还具有美感以及符合室内的装饰风格；一个路标不仅要注明目的地的方向，路标自身及所含信息还要让用户易于寻获、易于分辨、易于理解；一套基于智能手机应用程序（App）的网购平台，不仅要实现搜索及付款的基本功能，还要使用户能够从海量商品及相关信息中快速获得与购物行为及其体验相关的有用信息。

回想日常生活中的种种细节，我们脑海中常会浮现一些与设计不当相关的经历。例如，表意不清的标示牌（图1-1），一时搞不清楚该扭动还是拨动才能出水的水龙头（图1-2），界面复杂要摸索许久的智能手机App……仅仅从传达预设信息或者协助实现功能的角度而言姑且可用，但是如果站在用户——尤其是初次接触这一设计的用户角度，却会产生困惑、失误、焦躁等不愉快的体验。

图1-1 表意不清的路牌：该往左还是往右

图1-2 用法难懂的水龙头：看似需左右转动出水，实际是上拨出水

以上情况往往源于在设计流程中缺乏用户中心设计的思维。就用户体验而言，这可能造成使用困难、操作失误乃至事故；就商业角度而言，可能导致产品、服务在商业上的失败。如果企业在设计战略的规划中缺乏用户中心设计思维，将可能导致该企业的战略规划步入歧途，进而造成其商业长远发展上的重大损失。

随着我国经济水平和居民生活质量的不断提升，消费者对产品和服务的要求早已超越了解决有无的阶段，开始追求品质、体验等附加价值。自我国加入世界贸易组织以来，国内制造业融入世界经济的速度不断加快、产业覆盖范围日渐拓宽、全球竞争力迅速提升，今天的中国已经成为世界制造业不可或缺的一环，不仅具有完善的工业体系，而且拥有一批知名的制造商。但相较于我国已经具有的实际制造能力，以及一部分西方国家中诸如“德国制造”“日本制造”的品牌效应，世界范围内的很多消费者对我国产品依然抱有廉价但低质、不可靠的印象。在这个国际竞争日益加剧的新时代，中国需要更多如大疆、华为、比亚迪般享有全球声誉的消费品牌，塑造中国制造·中国设计的形象，攀升全球价值链的高位，这需要制造业、服务业以及科研教育领域的相关从业者从重视用户体验做起，不断提升相关产品和服务的质量及附加价值。

无论是交互界面、工业产品还是无形的服务，用户在使用过程中都会接收到各种视觉、听觉及触觉信息，并结合自身的思考方式对这些信息进行加工，从而形成认知、记忆和感受等心理活动，这不仅关系到使用过程中某个节点的使用情况，而且贯穿整体的使用体验。因此，对于用户中心设计的研究和利用，横跨设计学、人因工程学、消费心理学及市场学等多个学术领域，其中涉及多种用于用户调查、需求分析、设计思考和项目管理的方法论。

1.2.2 用户中心设计的应用领域

用户中心设计的理念最初用于指导系统的交互设计，尤其是用户界面（User Interface，UI）的设计，因为系统所能实现的功能，不仅取决于当前的技术条件，而且受到人和系统之间交互情况的影响。系统的目标用户面对连接自身与系统的交互界面，需要根据自身的认知构造和感官特性对交互界面的操作方式进行感知、预判和学习，并在此基础上进行相应的操作。如果交互界面的设计符合用户的认知构造和感官特性，用户将可以正确和轻松地感知交互界面的操作方式、预判操作结果并学习操作细节。反之，没有从用户认知构造和感官特性出发考虑交互界面的设计，则有可能产生用户和系统之间的鸿沟，导致目标用户难以正确地感知、预判和学习系统的操作方式，进而造成误操作、误判或者流畅度的缺失。因此，设计师应在设计流程中始终以用户为中心思考设计方案，如果一味以技术实现的容易度或者项目开发的便利性为取向推进设计流程，将难以避免地产生各种易用性问题。

从设计实践来看，这个道理对工业产品的设计而言也是通用的。用户对工业产品的操作方式的感知、预判同样和工业产品本身的外形设计联系紧密，因此用户中心设计的思维同样被学者们应用于工业设计等其他领域。诺曼于1986年所著的*The Psychology of Everyday Things*一书中，谈及用户在日常生活中接触到的工业产品的设计问题，并同样试图从认知心理学的角度解释一些错误产生的原因或者一些产品设计的背后逻辑。

随着设计学涵盖的边界不断延伸，除了图形用户界面（Graphical User Interface，GUI）和工业产品这种以视觉元素为输出的事物外，“服务”这种无形的事物也被纳入设计范围。服务最初是市场学领域探讨的概念，但近年来从工学、设计学角度出发对设计进行的探讨日益增多，其中日本学者下村芳树的定义较有代表性：供给者伴随着相应的代价提供引起接收者期待的状态变化的行为，服务通过内容和渠道传递，内容是引起状态变化的要素，渠道是对内容进行传达、提供和增幅的部分。例如，为旅行者提供服务时所处空间的变化过程是内容，交通工具及相关设施为渠道；为不愿出门的客户提供外卖食品的选择、送达是过程，App、电瓶车等软硬工具是渠道。无形的服务被分解出内容、渠道，设计便有了用武之地。

随着无形的服务被纳入设计学的探讨范围，尤其是随着互联网的兴起，作为服务提供渠道的App开始被称为“互联网产品”。产品这一概念的范围从“输出”的角度来看日益变得模糊——设计师可以做和应该做的东西似乎越来越多。如果换个角度，以用户的“获取”为标准来衡量产品，就可以发现互联网产品的概念从传统意义上的工业产品延伸而来，这种在互联网领域中产出而用于经营的商品是满足互联网用户需求的无形载体，网站、App功能与服务的集成。从这个意义上讲，无论是工业产品、系统还是服务，其存在的价值都是通过人为设定的属性为用户解决问题、满足需求，本书将这些具有同样属性的有形和无形事物统称为产品。作为产品的存在价值，“为用户解决问题、满足需求”决定了用户视角的重要性，也说明用户中心设计的范围将涵盖各类有形与无形产品。

1.3 用户中心设计的理论构成

用户中心设计并非设计学科的学术分支，而是体系化的设计项目管理思维，并延伸出一系列用于立案、实践和评价的设计工具。其主要的理论来源可归结为人因工程学、消费心理学和用户体验设计这三个分支，但这三个分支并非完全独立。例如，消费心理学涉及的一些心理学知识在人因工程学中会以其他视角进行探讨，人因工程学也是用户体验设计的理论来源之一。这三个分支的导入反映了用户中心设计这一思维方法如何在设计活动中产生、深化和拓展。

用户中心设计的第一个理论来源是人因工程学。人因工程学又被称为人类工效学、人体工程学、工程心理学等，其研究领域主要为解剖学、生理学、心理学等，主要关注人、机械及其工作环境之间的相互作用，其目的是探究人的生理、心理因素如何影响其在特定环境下操作机械的效率、健康、安全和舒适等问题，以便通过恰当的设计使人最大限度发挥机械的效能。用户中心设计引入人因工程学的相关知识多集中于UI设计与结构设计，强调通过对平面构成和立体结构的规划、图标符号的使用以及画面迁移的设定提高产品的易用性，即提升用户的认知和操作效率，减少乃至避免表意不清或容易引起误操作的情况，故人因工程学的相关知识多用于规范设计细节和评估标准。

用户中心设计的第二个理论来源是消费心理学。消费心理学的研究领域主要包括市场学、认知心理学、社会心理学等，其主要关注人在消费活动中的心理现象和行为规律，目的是探究人的心理因素如何传达于消费与使用环节，以便沟通设计师与消费者的关系，使设计师通过对产品、UI与其他视觉元素、服务的设计来激起消费者的购买欲。用户中心设计引入消费心理学的相关知识多集中于市场分析，强调通过市场和用户调查挖掘用户的心理需求，并以此规划设计战略与营销策略，故消费心理学的相关知识多用于需求分析和设计立案。

用户中心设计的第三个理论来源是用户体验设计。相较于已经成为设计学常见分支的人因工程学和消费心理学，用户体验设计这一概念较为“年轻”，并非消费心理学和人因工程学那样隶属于设计学领域的某个学术分支，而是客观存在的设计实践领域。用户体验是指用户使用产品、服务的过程中的主观感受，用户体验设计主要关注UI、服务与用户主观感受之间的关系，其目的是提供用户在使用UI、获取服务过程中的良好体验以提高设计评价水平。用户中心设计引入用户体验设计的相关知识时多集中于UI设计，强调通过关注用户的主观感受并通过一定流程将其反映在设计方案中。国外部分研究也有将用户体验设计思维应用于现实服务的案例。用户体验设计在实践过程中积累的各种实践方法，可用于指导设计实践和设计评价（图1–3）。

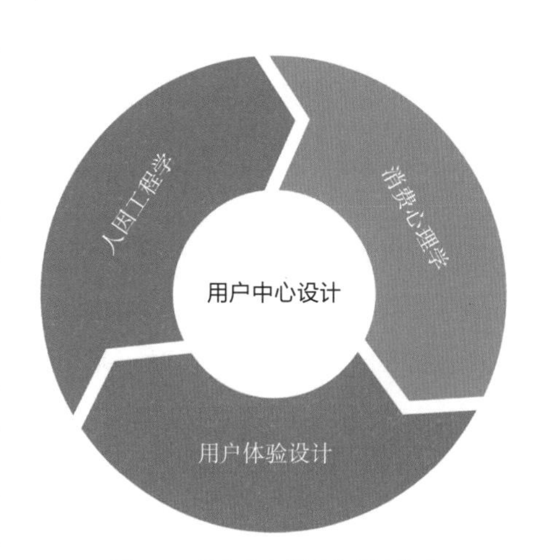

图1–3 用户中心设计的理论构成

用户中心设计通过对消费心理学、人因工程学和用户体验设计相关理论的融合，形成了一整套设计思考和设计实践的方法论。不仅包括对市场现状和竞争态势的调查方法，而且包括对用户属性和用户需求的分析方法，对于设计的构思、实践和评价也有较为完整的指导方法，形成了完整、深入、体系化的理论建构，甚至有相应的国际标准将其设计流程加以规范。

1.4 用户中心设计的基本原则

用户中心设计的基本原则是处理三种关系，即用户与项目的关系、用户与产品的关系和设计团队中多学科背景成员间的关系。

首先，用户中心设计鼓励目标用户在整个设计项目中积极参与。因为用户从项目早期开始的参与可以提供关于使用背景、任务及使用方式的第一手知识，有助于团队在早期识别目标用户的特征属性和任务要求，并将其纳入需求文档与设计规范，同时用户的全程参与有利于设计团队对设计方案进行仿真度较高的测试，用于提供真实反馈信息，以实现设计方案的快速迭代。

其次，用户中心设计需要对用户需要执行的任务和产品功能进行合理分配，即明确阐述为了完成一项特定任务，哪些操作由用户完成，哪些功能通过合理的设计由产品或系统来完成。功能分配取决于人与产品或系统在可靠性、效能、资金成本、任务重要性等方面的相对能力和局限。

最后，用户中心设计需要多种多样的技能，故当决定采取用户中心设计推进项目时，应建立一支规模小、管理灵活，且具备多学科背景的设计团队，该团队的专业知识应包括用户研究、设计开发、市场营销、产品测评等多个方面，该团队不仅需要在明确分工的前提下有效沟通，而且需要为用户在项目中的全程参与做好准备。

1.5 用户中心设计的应用

用户中心设计诞生于交互设计领域，其诞生、应用与传播深刻反映了互联网行业及受到互联网思维影响的其他行业的演化。

1.5.1 用户中心设计的应用背景

用户中心设计的理论架构包括消费心理学、人因工程学和用户体验设计，但最初源于交互设计中的易用性原则，传统意义上的易用性测试建构来自20世纪90年代开发的经典原则和方法，由于当时计算机用户多使用非联网状态的台式计算机，基于客户机/服务器（Client/Server，C/S）结构的GUI操作系统是当时最常见的形式，而且使用场景上主要限于室内环境，所以传统大型信息技术（Information Technology，IT）或互联网公司较为强调进行实验室内的可用性测试。这种方法的优点是能够在不干涉被试的情况下完整地记录各种行为、生理数据，以便研究人员进行深入的心理活动、生理反应和行为模式研究；但这种方法也有其固有缺点，即受限于前期高昂的场地与设备投入，以及测试过程中被试的数量、质量等。因此，只有IBM、微软和谷歌等资源充足的大型 IT 和互联网公司才能长期负担，中小公司因为无法满足准入门槛，因此难以进行高质量的评估与迭代以保证产品的用户体验品质。

随着20世纪90年代后期到21世纪初期互联网的普及，新型互联网公司的在线产品大多基于互联网的浏览器/服务器（Browser/Server，B/S）结构，相对于传统的C/S结构，B/S 结构对于用户来说只要有一台能上网的计算机或手机就能使用，因此分布性强、维护方便、开发简单且共享性强。这些根源于互联网特性的优势使企业进行用户研究和产品测试时不必受限于传统的实验室测试环境，在时间与空间上的灵活性大大加强，从而拉近了产品与用户之间的关系，用户中心设计作为一种新的产品设计迭代方法在此背景下诞生。用户中心设计的方法并不排斥传统的实验室可用性测试，与传统方法的主要区别在于在灵活的设计和测试环境下，通过多学科背景设计团队的建设和目标用户的积极参与实现快速迭代，尤其是现在的移动互联网不仅提供了大量的商业机会，而且保证了较低的行业准入门槛，通过应用用户中心设计的理念使中小公司也能够提供用户体验较好的产品。

1.5.2 用户中心设计的应用现状

近20年来，用户中心设计的理念在全球设计界得到了广泛认同，并在交互设计、工业设计和服务设计等领域得到不同程度的应用。在很多领域的设计中，虽然没有被明确冠以用户中心设计的术语，但是诸如“用户思维”“需求牵引”“用户主导”等说法都从不同角度反映出类似思想在设计实践中正在逐渐得到重视和应用。这既有前述诺曼、人类中心设计机构等个人和组织在设计研究与教育界的推广作用，也有设计方法因应客观现实的背景，这可以被视为用户中心设计未冠名的应用。

此外，用户中心设计这一概念后来也被一部分学者表述为人类中心设计（Human Centered Design）或以人为中心的设计（People Centered Design）等。这几个从概念上相互重叠，且从学术发展历程来看，基本被视为近似概念的词，在设计学领域中被研究者们并行使用，其核心理念的传播过程在客观上也是用户中心设计得到实践应用的过程。其中，“以人为中心的设计”作为系统设计的一个重要思路形成了国际标准。为了在表述上更加精确，如未特别说明，本书将“用户中心设计”和“以人为中心的设计”统一为“用户中心设计”，并将学术界和产业界对几个概念的论述合并介绍。

在工业产品、系统和服务日趋复杂的今天，人和产品之间的联系日趋紧密，同时人有限的认知、学习和反应能力与人造物之精密而多变的功能之间的矛盾不断加剧，亟须探究缓和这一矛盾的方法论。用户中心设计这一理念，本质上是作为人和产品之间矛盾的缓冲物而出现的，并且具体作用于设计项目的管理和推进实践。

在产品的设计项目中，设计者（设计团队或设计师）作为用户和产品之间关系的塑造者，需要在设计行为中对用户视角的重要性给予充分的理解。对功能既定的产品进行设计时，设计者应根据市场环境、用户需求、企业规划和设计师自身的审美与经验等要素，赋予产品形式和功能等属性。尽管从设计者的角度而言，一些设计方案更便于生产、更利于成本控制，乃至更符合他们的构想，但如果换位思考用户实际使用时的场景，则很有可能发现其并非最优解。这是因为设计者倾向于从生产的角度出发规划产品与系统设计，却忽视了用户在实际使用时的体验。单纯以设计者自身而非用户的视角来思考设计方案，容易在预判设计效果和用户体验时出现盲区，导致设计缺陷的产生。此外，对于一部分用户而言易于使用的产品和服务，对于另一部分用户而言却有可能造成麻烦。例如，力气偏弱的女性用户难以开启的容器、初学者难以获取目标信息的网站、老人感到无从适应的智能手机等，此类问题以往被纳入通用设计的视野进行狭义上的设计改进，但是通过用户中心设计的应用，可以从项目伊始防止此类问题的出现（图1-4、图1-5）。

图1-4　过紧的瓶盖

图1-5　许多智能手机对于老年人并不友好

用户中心设计如何从各类设计理论中汲取营养，设计团队如何通过用户中心设计的实践活动来推进项目，用户中心设计的实践活动包括哪些实用方法论，本书将在接下来的几章予以说明。

思考题

1. 用户中心设计的对象包括哪些事物？请分别举出相应的例子加以说明。
2. 用户中心设计的三个理论来源分别是什么？
3. 你在生活中是否遇到过看似经过设计，但实际使用效果不佳的产品？请举例说明。

第2章 用户中心设计的基本流程

课题内容： 介绍用户中心设计以ISO 13407：1999和ISO 9241—210：2010为代表的国际标准及其具体内容，用户中心设计所需的团队建设和具体步骤，以及国内外知名企业如何结合本公司实际推出有自身特色的用户中心设计方法。

课题时间： 4课时

教学目的： 帮助学生掌握用户中心设计的国际标准并初步了解各步骤的内容及要求，使他们初步了解国内外知名企业的用户中心设计方法并对其特点有直观认识。

教学方式： 课堂讲解理论知识

教学要求： 1. 详细讲解ISO 13407：1999和ISO 9241—210：2010的主要内容。

2. 结合学生的专业介绍用户中心团队的构建。

3. 深入讲解用户中心设计流程各步骤的任务及设计师在其中发挥的作用。

4. 使用跨企业对比的方式介绍不同公司推出的用户中心设计方法。

2.1 用户中心设计的国内外标准

自20世纪80年代以来，随着计算机科学的发展，用户中心设计思想从诞生到推广，现在已经成为设计界一个广受认同的概念，在此背景下国际化标准组织（International Organization for Standardization，ISO）推出了一系列旨在改善人机交互系统设计效果的标准。最早将“以人为本的系统交互设计过程”进行规范化的ISO 13407：1999（其国内版本为GB/T 18976—2003）是用户中心设计理念得到产业界和学术界接纳的重要里程碑。此后，ISO 9241—210：2010对相关规则进行了改进和细化。

2.1.1 ISO 13407：1999与GB/T 18976—2003

公布于1999年的国际标准ISO 13407：1999及其公布于2003年的中国国内版本GB/T 18976—2003是有关交互式系统的以人为中心的设计过程的国际标准，首先提出在系统的交互设计中需要关注所谓“以人为中心的设计”描述了在交互式计算机产品生命周期中进行以用户为中心的设计开发的总原则及关键活动。依据该标准还可以对一个产品开发过程是否采用了以用户为中心的方法进行评估和认证。本书以中文版GB/T 18976—2003中的表述为准，仅将“以人为中心的设计”的表述统一为本书所用的“用户中心设计”。

GB/T 18976—2003由中国标准研究中心所制订，根据该标准的定义，用户中心设计是“特别着重于系统可用性的交互系统开发方法”，这套方法“集成了人类工效学知识、技术”，其目的在于帮助用户提高工作的有效性和效率，并改善工作条件，减少用户使用过程中可能对健康、安全和绩效产生的不良影响。GB/T 18976—2003的设计流程尤其强调以下四点，并将其总结为用户中心设计的特征。

①用户的积极参与和对用户及其任务要求的清楚了解，即让具有代表性的目标用户参与设计过程，以提供关于用户特性、任务、设备和使用背景的相关知识。其中，用户特性包括知识、技能、经验、教育、培训、生理特点、习惯、偏好和能力等；用户任务包含活动和操作步骤在人与系统资源之间的分配情况，不宜仅从功能或特性方面描述任务。用户拟使用该系统的环境，包括所用的硬件、软件和材料；有关物理和社会环境的特性，例如，有关的标准，技术环境（如一个局域网络）、物理环境（如工作场所、家具）、周围环境（如温度、湿度）、立法环境（如法律、法规和规章）、社会和文化环境

（如工作惯例、组织的结构和态度）的特征。

②在用户和系统之间适当分配功能。依据用户的心理与生理特性、项目和任务要求等，将任务明确划分为由用户操作和交给系统完成两个部分。

③反复设计方案。要求充分发挥用户积极参与的优势，对设计方案按照使用场景的要求反复测试，将结果逐步反映在改善方案中以降低项目风险。

④多学科设计。需要多学科背景的人才团队负责业务分析、市场营销、系统工程、用户界面、人机交互等多种业务，团队的多样性有助于对设计方案进行有效评估。

在遵循前述用户中心设计的原则开展设计活动时，根据项目目标需要识别出应用用户中心设计的需求后，可将整个开发项目分为以下四个步骤（图2–1）。

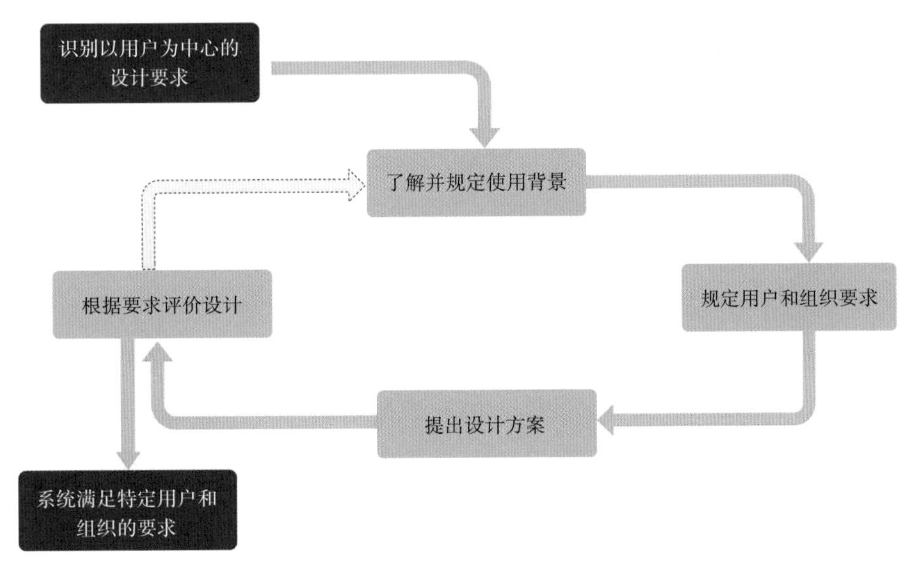

图2–1　ISO 13407：1999（GB/T 18976—2003）的用户中心设计流程

①了解并规定使用场景。立足于目标用户的特性、任务性质、使用环境等要素，了解、识别用户的使用场景，并形成详尽的描述以支持后续的设计活动。

②规定用户和组织要求。对与项目相关的客观条件、相关法律法规、用户工作性质、技术条件限制等方面进行权衡，形成一个关于用户任务、环境和任务特性的描述，并识别出对设计具有重要影响的部分，此描述也将用于支持后续的设计活动。

③提出设计方案。提出基于多学科考虑的设计方案，对方案进行原型设计并通过让目标用户进行试用和评估来获取设计反馈，按照用户的反馈反复更改设计直至满足以人为中心的设计目标。

④根据要求评价设计。对于作为设计对象的系统，应通过建立评价计划、组建评价团队、提供反馈信息、明确评价结果、对使用状况进行长期跟踪、记录报告结果，最终完成设计评价。

按照GB/T 18976—2003所定标准和流程进行的交互设计，其优点在于可以帮助设计人员在设计流程中识别和运用相关知识，以“提高工作效率和质量，减少支持和培训费用，提高用户满意度”。

2.1.2 ISO 9241—210：2010的改进

ISO 9241是一个由多部分组成的系列标准，涵盖了人机交互的各个方面，与用户中心设计相关的ISO 9241—210：2010为该标准的第210部分。ISO 9241提供了硬件、软件和其他环境的有助于提供可用性的属性的需求和建议，并且提出了潜在的人类工效学原理。虽然该标准最初被命名为“具有显示终端（VDTs）的办公室工作的人类工效学需求”，但从本质上看，该标准更多偏向于人机交互中的人类工效学原理，后更名为“人—系统交互工效学”。

ISO 9241的第1部分对所有其他标准做了总体介绍；第2部分主要探讨了以计算机系统开展工作的任务设计；第3部分到第9部分固定了计算机设备及操作环境的物理特征；第10部分（后更新为第110部分）到第300部分的内容主要关注软件的用户界面，其中包括第210部分——本书所述ISO 9241—210：2010标准。作为用于取代ISO 13407：1999的新一代人机交互设计的国际标准，ISO 9241—210：2010于2010年公布，全称是（*Ergonomics of Human-system interaction - Part 210: Human-centered design for interactive systems*），译为“人机交互系统工程学210号子文档——以人为中心的交互式系统设计”。ISO 9241的部分章节虽有相应的国内标准，且第210部分自2021年开始修订，但至本书截稿之时尚未发布，因此本书所述的相关内容以英文版为准。

相较于ISO 13407：1999，ISO 9241—210：2010在几个方面做出了改进。首先，强调在设计流程中迭代的作用：在继承ISO 13407：1999对设计流程中几个步骤的划分的基础上，整个项目被组织为一系列短期的小项目，即一系列的迭代，每一次迭代都包括需求分析、设计、实现与测试。当开发团队通过小项目得到设计原型后，交由目标用户（或选定的评价团队）进行测试，并在测试过程中对功能和界面进行修正和润色，修正影响用户体验的部分。迭代有助于项目早期修正由于调研、交流不充分或设计不成熟造成的缺陷，并在用户参与的测试中发掘潜在需求，做出修正后可以根据项目的实际需要，在设计流程中的任何一个必要的步骤开始重新迭代（图2-2）。

其次，相较于用户中心设计，ISO 9241—210：2010对以人为中心的设计思想进行了概念和范围上的再定义，因为考虑的设计对象不仅是软件的用户，更是针对产品以人的需求为出发点，受到其影响所涵盖的一系列相关角色。所以ISO 9241—210：2010标准的阅读对象不仅仅包括用户体验/交互设计师，从规划整个产品的项目管理人员、着手软

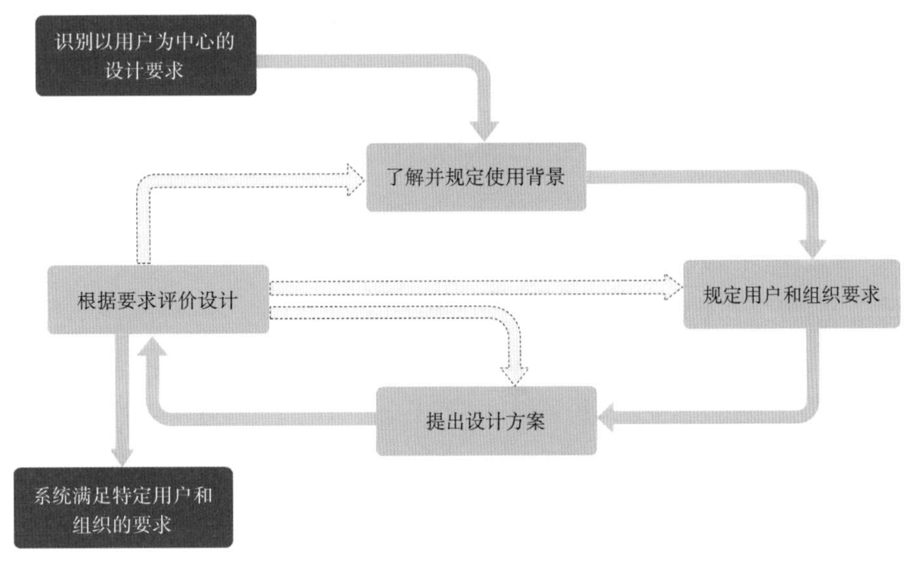

图2–2　ISO 9241—210：2010的用户中心设计流程

件开发的系统工程师，到市场销售人员，乃至负责客服和维护等与用户体验相关的所有人员，都有必要借鉴ISO 9241—210：2010的观点。

再次，ISO 9241—210：2010解释了决定采用以人为中心的设计思想后必要的设计行为要素。

①了解并规定使用背景。其中包括对用户及其他利益攸关方的识别和描述、对用户特征的描述、对用户目标和任务的描述、对系统软硬件及外部环境的描述。

②规定用户和组织要求。其根据包括预设的使用环境、用户需求与实际使用环境、人因工程学、用户界面设计的常识、可用性指标，以及可直接影响用户的第三方机构的特点等。

③产出设计方案。在具体设计阶段需要考虑整体的用户体验，并给出包含模拟场景、产品原型或者实物模型等的细节方案后，以用户的评估及反馈来改进设计方案，并与相应的需要对最终产品使用效果负责的人讨论设计方案。

④根据要求评价设计。需注意在项目开发中合理分配早期评估和后期评估以平衡项目的设计改进和完成进度，并进行有效的评估、分析和改进。

最后，9241—210：2010作为ISO 13407：1999的改进版，对用户中心设计（该标准中名为以人为中心的设计）思想的应用范围予以拓展，并且对若干概念和方法论进行了细化。该标准作为项目开发团队在进行交互设计时的框架性指导建议，将人机交互里不同方法的逻辑关系联系在一起，有助于实现用户体验的提升。

2.2 用户中心设计流程及其内容

用户中心设计虽然常用于软件与用户界面的设计，但其原理同样适用于工业领域的产品设计。尤其是在软件和硬件的融合趋势越发明显的今天，不应将二者进行割裂思考。本部分将以ISO 9241—210：2010为基本参考，从设计团队的构建、用户中心设计的步骤以及具体的应用方式等方面讲解利用用户中心思想进行产品开发的基本流程和其中的注意事项。

2.2.1 用户中心设计团队的构建

用户中心设计本质上是一个融合了多学科知识的设计，需要不同学科背景的人才组成团队推进项目开发。尽管不同的项目所需人才背景的偏重各异，团队的构成有所区别，但总体而言必须完成以下任务：业务分析、市场营销、用户调研、人机交互、产品（如互联网产品或工业产品）开发、产品测评。因此，根据任务的需要，用户中心设计团队在开发负责人（如产品经理）之下，需要设置市场营销专家、用户研究专家、用户体验专家（用户体验师或其他承担设计交互方式的人员）、IT/设计专家（根据项目性质可能是系统工程师、工业设计师，或者兼而有之）、产品测评专家。为了适应不同规模、需求的项目，UI/图形设计师、系统架构师、结构工程师等成员也有可能需要加入。此外，根据公司架构的不同，产品总监、设计总监等高阶管理者也可能介入具体项目的决策或监督。

不同公司对设计团队的定位可能不同，在立项时决定采用用户中心设计时，是以固有的设计团队并适当引入外部资源推进设计流程，还是打破各部门之间固有的藩篱，依托于特定项目进行队伍的重组，这需要视公司的架构和资源而定。但从原则上说，用户中心设计团队成员构成的精简和确定，将保证在一个项目开发流程中团队内部的直接沟通、合作与互相启发。尽管团队成员的背景各异，从其分工角色来看，在用户中心设计的流程中各有偏重，但是在不同设计步骤间的衔接及基于用户需求的设计思维中，不同背景成员之间可能跳出项目每次迭代中各步骤的界限，通过头脑风暴、内部评估等流程进行探讨，获得其他学科带来的启发。同时，团队中存在一定数量与用户体验设计无直接关联的成员，可以在内部评估中发现设计团队的盲点或考虑不周之处，从更加客观的视角评估设计方案。

近年来互联网行业出现了“全链路设计师”的概念，即以UI设计为核心素质，同时兼具交互设计、视觉传达、品牌建设和产品运营等多维度能力的设计师。在我国的大型互联网公司中，全链路设计既是部分资深设计师的工作状态，也是投资者和管理层基于效率对人才所需技能提出的现实要求，同时反映了互联网行业设计师的成长路径和市场需求。全链路设计师的概念和用户中心设计理念并不冲突，尽管全链路设计师可以从概念设计到产品落地的设计链条中承担更多任务，但受个人精力所限，且从人力资源的合理调配来看，深度的用户研究、品牌营销与产品运营等依然需要专门的成员投入相当的资源。此外，即使是资深设计师也有可能因知识的诅咒（Curse of Knowledge）之类的思维陷阱，导致自身成见和用户实际体验之间产生隔阂，因此引入独立于设计团队的外部人员在不同程度上参与设计各流程依然是无可取代的步骤，也是用户中心设计团队的重要特征（图2-3）。

图2-3　用户中心设计团队的基本构成

这里所谓的独立于设计团队的外部人员，可能是公司内部不直接参与设计细节流程的内部人员，也可能是根据项目计划从目标用户群中募集来参与前期、中期测试并提供详尽反馈的合作者，在条件允许的情况下，还有可能是通过大数据筛选并鼓励参与后期测试的随机用户。导入的外部人员尽管不直接参与设计方案细化和产品落地，但他们既可以是用户研究中感性调查的对象，也可以是完善需求文档的助手，还可以是低保真原型和高保真模型的早期测试和反馈者，对于原型迭代和优化文档具有不可替代的作用。此外，在用户中心设计中采用参与式设计（详见本书第6章）时，甚至可能是概念设计的参与者。一言以蔽之，用户中心设计流程中外部人员的深入参与是设计流程的重要特征。

2.2.2 用户中心设计的阶段和步骤

从项目负责人根据项目需要判断应采取用户中心设计的方法推进项目，直到将产品推出市场并满足特定用户和组织的需求为止，项目的全流程从广义上分为四个阶段、六个步骤。其中，四个阶段为设计战略、调研与分析、设计输出、市场营销，六个步骤为识别用户中心设计的需求、了解并规定使用背景、提出设计方案、根据要求评价设计、系统满足特定用户和组织的要求。

识别用户中心设计的需求属于项目最开始的设计战略阶段，在此后的调研与分析阶段，首先了解并规定使用背景，在此基础上根据用户研究规定用户组织要求，之后进入设计输出阶段，根据前一阶段的要求提出具体的设计方案（含设计原型），对于设计方案重回调研与分析阶段进行设计评价，若发现缺陷或新的需求则根据具体情况迭代回前面某一步骤再次完善设计，如果顺利通过内测和公测，将进入市场营销阶段，推向市场接受正式检验。

需要注意的是，按照对某个给定商品进行用户中心设计的流程，在市场营销阶段结束后整个设计流程完成，但是从企业产品的更新换代这一视角来看，在市场营销和后期用户反馈中的经验，以及针对该产品了解使用背景、用户和组织要求时积累的用户信息，都将成为同类产品的设计策略的来源之一，并很有可能应用于下一代产品的开发。因此，随着公司运营的继续，整个用户中心设计流程将可能构成一个产品推陈出新、设计策略不断累积的循环往复的过程（图2-4）。

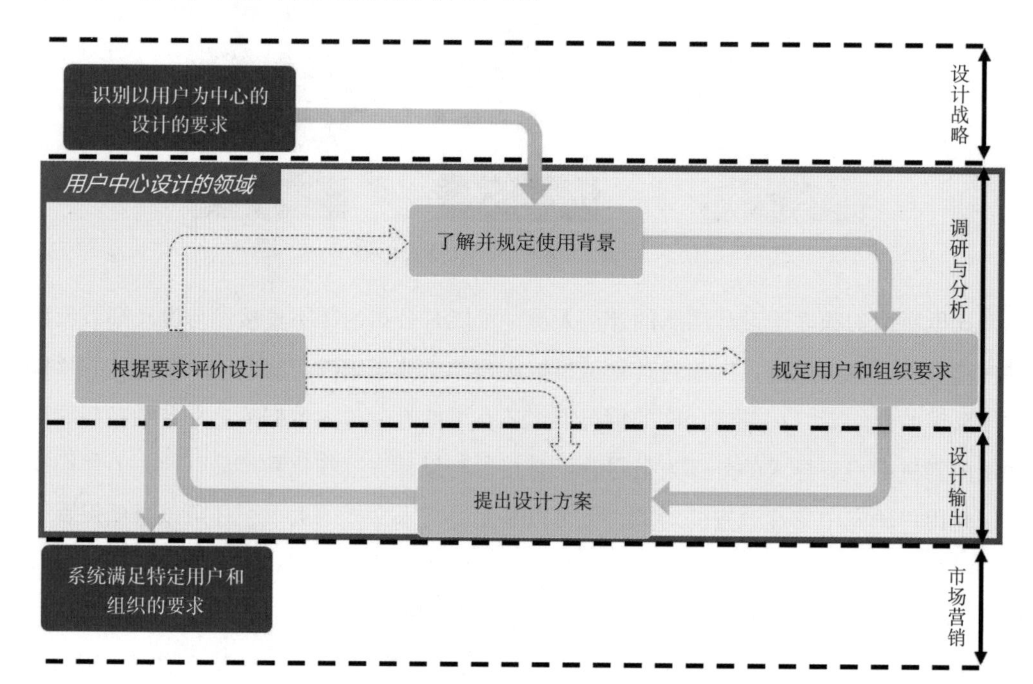

图2-4　循环往复的用户中心设计流程及其阶段下的不同步骤

六个步骤中，“识别用户中心设计的需求”属于采用用户中心设计的先决条件，因为项目负责人基于项目的具体需求决定采用相关设计方法后才正式进入设计阶段，故其决策过程无须用户中心设计思想的指导。“系统满足特定用户和组织的要求”作为采用用户中心设计的结果，虽然在市场投放过程中的用户反馈将有可能为下一代产品的设计积累原始资料，但仅为用户中心设计思想的副产品，故严格而言，用户中心设计的领域仅限于“调研与分析”和“设计输出”两个阶段的四个步骤：了解并规定使用背景、规定用户和组织要求、提出设计方案、根据要求评价设计。本书也将集中讲解这四个步骤。

2.2.3　了解并规定使用背景

了解并规定使用背景指用户中心设计团队对用户执行任务时的背景和状态进行调查，并将与用户需求有关的信息进行整理纳入设计目标。这一步骤在项目负责人的领导下，以团队中的市场营销专家为主推进，要求设计团队围绕以下四组问题进行调研，并将获得的正确答案作为用户中心设计的起点。

①用户有什么样的愿景？产品对于用户的价值是什么？

②用户与产品相关的任务有哪些？执行该任务的场景是什么？

③哪些任务最重要？用户期望如何执行任务？

④用户在执行哪些任务的时候问题最大？为什么会出现这些问题？

清晰理解通过用户中心设计要达到的目标，即产品的最终输出形态，需要对上面四组问题进行基于调研的思考和求解，最终明确产品的根本目标、当前产品的问题点和用户的期待。具体需要完成的任务包括愿景分析和任务分析。

一是，愿景分析。通过访谈法、问卷法、田野调查等方法，阐明业务需求，分析用户在一定内外环境中希望实现的愿景，具体包括对用户面临的市场环境、总体目标等进行愿景分析时，经常需要设计团队进行不同形式的访谈、讨论、观察以获得接近客户需求的第一手数据，通过市场分析的相关方法对市场环境、设计定位等进行宏观分析。愿景分析的输出结果多为市场需求文档。

二是，任务分析。通过目标分解、5W2H分析法、服务蓝图等方法，分析用户在使用产品过程中为达成目标需要采取的行为和认知的过程，具体而言，包括对用户需要完成的任务、认知和完成任务的路径、影响可用性的任务特征、任务潜在的不利因素或者潜在的风险进行分析，注意对任务不应该脱离系统的功能或者特点进行孤立描述。任务分析的方法主要分为认知任务分析（探索用户在任务中的认知模型、决策特征和操作方式）和层次任务分析（描述任务与子任务的层次体系），任务分析的输出结果多为结构框架图和任务流程图。

了解并规定使用背景是用户中心设计方法论的实践起点，通过对市场环境和用户需求的调研与分析，从根本上判明产品的市场前景、竞争态势、设计定位与目标用户，其方法论基础来自消费心理学的相关知识。

2.2.4 规定用户和组织要求

规定用户和组织要求指用户中心设计团队对用户和组织基于自身属性对产品抱有的期待进行调查，将与用户需求有关的信息进行整理并纳入需求文档。这一步骤在项目负责人的领导下，以团队中的用户研究专家为主推进，要求设计团队围绕以下四组问题进行调研，并将获得的正确答案作为用户中心设计的重要参考。

①用户是什么样的人，即用户有哪些属性？

②用户有什么样的行为模式？

③用户有哪些困扰？

④用户有哪些具体目标？

用户研究能针对用户进行有效的行为观察和数据挖掘，有助于用户中心设计团队做出满足用户目标、实现用户价值的设计。在用户研究的过程中，具体需要完成的任务包括用户调查、规定用户属性和设定使用场景。

一是，用户调查。对目标用户的信息通过定性或定量的方法进行调查并加以汇总，用于描述目标用户的属性，为设计提供事实基础。就获取信息的类型而言，用户调查的方式可分为定性调查和定量调查。前者关注用户的态度，或分析特定行为背后的原因，或挖掘用户的潜在需求；后者通过数据证明用户的行为倾向，或描述用户的特定属性，或量化不同用户间属性的异同。定性调查和定量调查并无优劣之分，定性调查擅长描述用户的主观倾向、挖掘潜在的需求，定量调查更多用于对事实进行精确的论证。两种调查只是各自描述了用户相关事实的一个侧面，起到互相补充的作用。

定性调查的常用方法包括情境访谈、利益攸关者地图、KANO模型等；定量调查的常用方法包括问卷调查、数据挖掘等。此外，用户调查必不可少的一环是通过对人因工程学的相关资料进行文献调查，以及对设计规范和设计经验的总结使设计方案能够将用户的生理、心理特性及环境影响纳入其中。

二是，规定用户属性。对目标用户的属性及用户在执行任务时的体验进行描述，以典型用户为范例明确产品需要满足的核心需求。规定用户属性的常用方法为用户画像（根据用户的属性、偏好、生活习惯等信息抽象出来的、被标签化的用户模型）。

三是，设定使用场景。将目标用户在特定需求下使用产品并获得相应体验的情景及其过程加以记录和描述，形成使用产品的典型情景，以此突出产品的核心功能和相关特点。设定使用场景的常用方法包括5W2H分析法（七问分析法）、客户旅程图和故事板。

规定用户和组织要求是用户中心设计方法论的重要组成部分，通过对用户属性和行为的调研与分析确定造型和功能的细节，并且编制用于指导概念设计的需求文档，其方法论基础来自消费心理学和人因工程学的相关知识。

2.2.5　提出设计方案

在使用背景和用户要求得到明确后，需要在此基础上构思并提出设计方案，这一步骤在项目负责人的领导下，由用户体验设计师和产品设计师在充分沟通的基础上共同推进。尽管基于用户中心设计的迭代原则，整个设计流程的循环往复是必需的，由图2–4可知，根据实际需要迭代是设计流程中的必要步骤，其中“提出设计方案”这一步骤必然经过多次重复，并在重复中经历多次修正使其可用性和完成度等不断提高，这一步骤主要包括竞品分析、概念设计和设计提案三个部分。

①竞品分析。在构思设计方案的初期，需要对竞争对手的产品进行基于客观标准或主观体验的比较分析，据此不仅可以扬长避短，而且可能形成创意的来源。竞品分析不是一次性的分析，它需要融入产品生命周期进行持续性分析。选择竞品的标准主要分为“核心功能及核心用户基本相同的产品”“核心用户高度相同且核心功能易于升级的产品”“核心用户存在差异但核心功能较为相近的产品”“核心用户较为相近且核心功能存在差异但在一定场景下可能形成竞争的产品”以及“核心用户高度相同但核心功能满足的需求不同”这五种。

常用方法包括Yes / No法（功能层面进行具体功能有/无的调查，并整理成功能表加以对比）、评分法（通过问卷调查给出1~5分的区间，根据产品中的某个方面进行打分）、用户体验五要素法（战略层、范围层、结构层、框架层、表现层五个层级的分别对比）、GE矩阵（又称麦肯锡矩阵，可表述一个公司的事业单位组合判断其强项和弱项，根据目标单位在市场上的实力和所在市场的吸引力对其进行横向和纵向的三级维度评估）、KANO模型（必备型品质、期望型品质、魅力型品质、无差异型品质、反向型品质五种服务品质的分别对比）和四象限分析法（将产品按照不同性质进行多个维度的划分）等。

②概念设计。要求产品设计师通过多种思维方法构思产品的概念，常用方法包括自由联想、卡片分类、亲和图法、参与式设计、六顶思考帽（提供平行思维的思维训练模式，从否定、中立、直觉、利益、全局和可能性六种思维出发激发创意）、思维导图、鱼骨图（又称因果图或石川图，用于探索可能导致或促成特定问题或影响的潜在因素）、四类思维法（Four Categories Method，通过“最理性的”“最令人愉悦的”“可爱的”和

“希望渺茫的”四个标准将设计方案分类，可覆盖从最实用的方案到最有潜力创新解决问题的方案）等。

③设计提案。从概念出发，按照迭代的原则逐次提出纸质原型、低保真原型（可点击的线框图）、高保真原型（编码原型）、内测产品、公测产品、最终产品（根据市场反应还可能不断升级）。

提出设计方案中无论是创意思考还是设计提案都是高度实践化的步骤，根据使用背景和用户要求发挥设计师的创意进行设计实践。在设计过程中，应提出不同的设计方案以便在测试中进行对比、筛选。在这个过程中，可以充分利用用户中心设计团队其他成员的专业背景共同思考，但是应尽量避免团队中产品测评专家及其他计划参与产品内测的成员参与其中，因为可能会因为其对产品操作界面和使用逻辑的过早熟悉而影响内测的效果。

提出设计方案是用户中心设计方法论的核心阶段，基于对使用背景，以及用户和组织要求的分析结果进行设计实践，并且可能根据设计评价的结果进行设计迭代，其方法论基础来自用户体验设计及其他一般性工业设计和视觉传达的相关知识。

2.2.6 根据要求评价设计

对于设计师给出的设计方案，在对使用背景进行一定程度的模拟后，让具有代表性的用户使用产品，对用户的使用过程、使用结果和使用体验进行观察、记录和分析，在此基础上对设计方案做出评价。这一步骤在项目负责人的领导下，以团队中的产品测评专家为主推进，要求设计团队围绕以下四组问题进行调研，并将获得的正确答案作为对设计方案的评价。

①产品的可用性如何？

②产品的功能是否满足目标用户的需要？

③用户对产品的主观体验如何？

④用户在使用时出现哪些问题？为什么会出现这些问题？

设计评价的主体是具有代表性的用户，其构成包括用户中心设计团队的部分成员，以及根据使用背景和用户要求募集来的被试者、公测阶段的自愿参与者等。设计评价的对象包括设计师提案的低保真原型、高保真原型、内测产品和公测产品，有时也把已经上市的产品列入评价范畴。用户中心设计的过程是多个小项目的反复迭代过程，根据对低保真原型、高保真原型、内测产品和公测产品的评价发现问题并加以改进，然后进入下一轮迭代，逐轮推进设计过程的完善直至上市。常用的评价方法包括行为观察、用户访谈、问卷调查、眼动分析、情境访谈、A/B测试、日志分析等。

根据要求评价设计是用户中心设计方法论的验证阶段，通过采用定性、定量的方法对设计方案进行贴近使用环境的评价，根据其结果对设计方案进行迭代，或者导入生产和销售阶段，其方法论基础来自人因工程学和用户体验设计的相关知识。

2.3 用户中心设计理念的实践与启示

用户中心设计的基本思想就是将用户时刻摆在设计流程的首位，从用户的需求和感受出发设计产品，而不是让用户适应产品。就企业的实际设计流程而言，往往要求充分发挥团队内部优势（多专业背景的成员间合作）和团队内外优势（设计成员和目标用户的合作）。但就其根本而言，用户中心设计与其说是一种标准化规则，不如说更类似于遵循一定价值观的设计理念，具体的实践方式会根据企业和项目的具体需要有所不同。

2.3.1 用户中心设计理念的代表性范例

针对用户中心设计的理念及相关标准，以美国为代表的咨询公司、互联网公司、设计公司和研究机构等都结合自身的理念进行了不同的探索，提出了在业内具有广泛影响力的开发模型。以下介绍三种具有代表性的实践范例。

（1）IBM Design Thinking模型。IBM公司自2013年起耗费三年时间建立的Design Thinking（以下称设计思考）模型，其主要思想是通过设计思考使设计师深入理解消费者的需求并形成共鸣，目标是以现代公司所需的速度和规模应用这一设计方法。设计思考模型的重点是通过以下设计原则、循环路径和关键方法来建立消费者深刻的理解和同理心。

首先，IBM的设计思考模型有三个设计原则，即关注用户输出、多学科背景团队和持续创新。第一个原则是把用户的需求放在第一位，以便从客户的角度实现良好的设计；第二个原则是多学科团队是组织项目中所有利益攸关者为合作团队，旨在快速而准确地执行。IBM将团队合作描述为“彼此间的共鸣，以及和用户之间的共鸣”；构成上述两个框架的主要原则是循环路径本身，而持续创新原则往往会建立一个迭代过程，该过程是基于对旧问题通过原型设计来提出解决方案和基于实践的设计方法。

循环路径是设计思考模型中对其目标的具体实现过程，它基于三个主要步骤，即观察、反映和生成。首先，从观察开始提高对问题的理解能力；其次，理解所获得的知识并将其反映到自己的知识结构中，使之成为一个可以适用的设计规划；最后，将这种理解转化为设计原型，并交付具体的输出成果。

尽管设计思考模型同时适用于大型公司与中小公司，但大型公司需要更具有弹性的模型来帮助它们解决复杂问题，因此IBM提出了三种关键方法来实现这种可伸缩性定义愿景：根据用户体验定义业务目标、团队成员定期交换反馈以及鼓励用户参与设计（图2–5）。

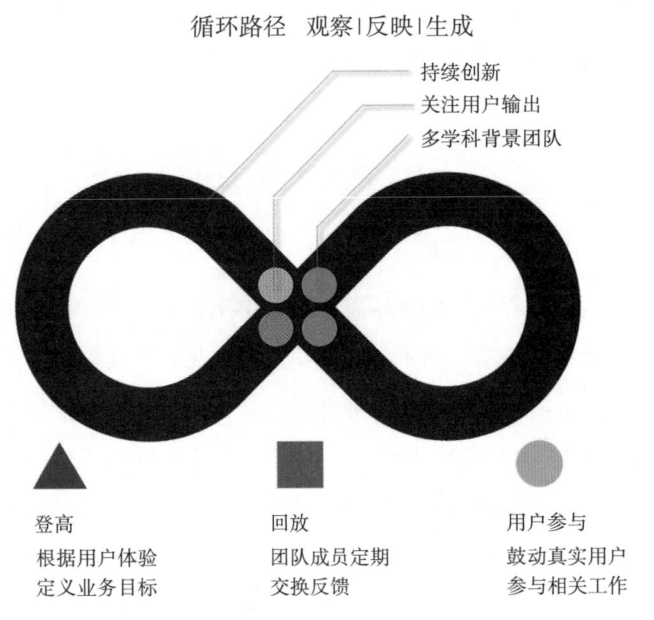

图2–5 IBM Design Thinking模型（来源：IBM）

设计思考模型将用户置于开发过程的核心，因为IBM的影响力，其思想对很多企业产生了广泛的影响。设计思考这一概念除了IBM外，也有其他公司和组织进行了研究，现今已作为用户体验设计和服务设计的常见方法论之一。这一概念本身和用户中心设计并不完全一致，但是都将设计师对用户进行理解、产生共鸣的重要性摆在重要位置。尤其是IBM不仅同时是用户中心设计理念和设计思考方法的早期建构者，也是这理念的持续推广者，两者在若干概念中存在较多重合之处。

（2）谷歌Design Sprint模型。谷歌公司的Design Sprint（以下称设计冲刺）模型是为构建以用户为中心的产品和服务而开发的设计过程模型之一，它是谷歌UX团队针对从初创企业到像谷歌一般的大型公司的广泛目标群开发的通用设计模型，通过将敏捷框架和设计思维结合起来，以便在短时间内（通常为1~5天）完成开发任务。设计冲刺通过六个阶段的约束过程跳转到解决方案：理解、定义、分歧、决定、原型、验证。这些阶段以有限时间研讨会的形式运行，涉及开发过程涉众的代表，如营销团队、设计团队、开发团队和测试团队。研讨会所需的主持人通常是一名资深的用户体验研究员、设计师或设计负责人。

设计冲刺允许团队在开发过程的早期评估产品，方法是直接跳转到原型和测试，以确保最终产品满足其消费者和业务需求。在团队开发的同时，设计冲刺引入另一组没有参与设计过程的团队制订指导方针。因为该团队代表了开发过程中涉及的不同部门，因此确保了解决方案的可靠性，并且有助于从多角度讨论方案的可行性。为了适应期限紧张的项目，设计冲刺通过为每个阶段添加约束来减少到达原型所需的时间，并为包括原型的用户测试在内的项目全过程提供一个时间框架，这不仅提高了设计过程的效率，而且确保了用户的需求能够得到适当的满足。设计冲刺以研讨会的形式运行，可能需要

1~5天的时间。在这个研讨会召开过程中，将应用设计冲刺的六个阶段，此后产品就可以迅速进入生产阶段。

从设计冲刺的流程来看，虽然引入这一模型有助于克服设计思维模型的许多缺点，但在应用时必须考虑一些相应的局限。首先，该方法要求负责人能够熟练管理实践进度，并梳理实现不同阶段间的转换；其次，必须考虑公司的规模和有代表性的利益相关者的可用性，因为设计冲刺是为有足够的人力资源、能够为项目跨部门调动人才的公司设计的，对于习惯小团队集中作战的公司而言可能造成额外的负担；最后，跨部门多专业背景人才的团队协作是设计冲刺研讨会背后的核心思想，因此团队管理是另一个重要的挑战。某种程度上，设计冲刺模型反映了ISO 9241—210：2010的思想和多学科背景的团队、引入外部资源以及快速迭代等特征（图2-6）。

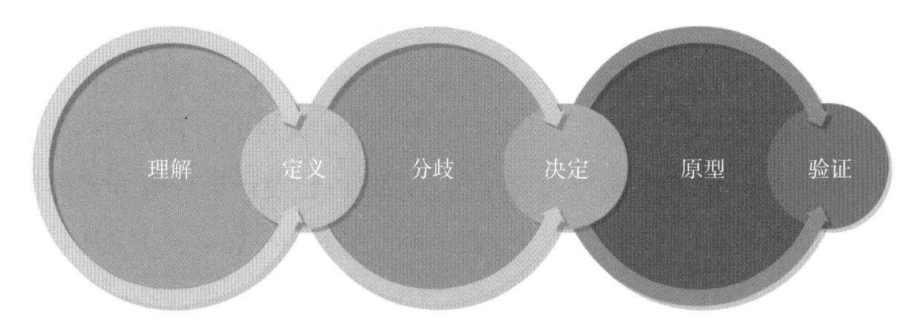

图2-6　谷歌设计冲刺模型（来源：Google）

（3）IDEO Human-Centered Design。美国著名设计公司IDEO提出了Human-Centered Design及相应的在线课程、设计工具包等，此外出版了相关著作*The Field Guide to Human-Centered Design*。IDEO的以人为中心的设计流程强调任务导向，将设计流程分为灵感、构思和实施三个阶段，从对用户的了解和分析出发进行产品或服务的构建、测试和迭代，运用发散和收敛的思维形成解决方案（图2-7）。

IDEO将以人为中心的设计定义为一种创造性解决问题的方法，它从人开始，并以适合他们需求的创新解决方案结束。IDEO的以人为中心的设计理念既可用于设计无形产品，也可应用于有形产品，具体的设计流程由六个阶段组成：观察阶段，识别行为模式和用户痛点，并基于用户视角以引发共鸣；构思阶段，根据观察阶段得到的结果和经验，与设计团队进行头脑风暴；原型阶段，迅速建立可以表意的简单原型（纸面原型即可）；反馈阶段，把简单原型交付目标用户并收集反馈意见；迭代阶段，根

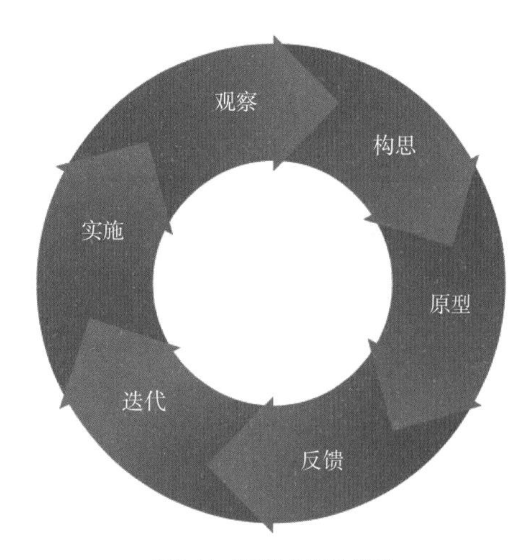

图2-7　IDEO的设计流程

据用户反馈进行持续的迭代、测试和收集用户反馈，直到设计方案达到可以使用的程度；实施阶段，将设计方案落地为现实产品并推向市场。

2.3.2 国内互联网企业的实践

对于用户的重视不仅是现今互联网企业的共识，更是互联网企业的天然属性，尤其是作为互联网企业主要业务之一的用户体验设计，其设计流程在很大程度上也反映了用户中心设计流程的若干方面。目前来看，我国的互联网行业上至头部公司，下至不少中小企业，都纷纷推出自己的设计流程以阐述公司的设计开发战略。

尤其是近20年来中国互联网行业发展迅速，在此期间崛起的互联网巨头在用户体验设计方面积累了大量的实践经验。虽然企业的成功是多种因素共同作用的结果，但是商业实践的成果证明了其设计流程在相当程度上的有效性。其中，阿里巴巴、腾讯等公司都有成体系且非常细化的设计流程，外界可以通过各种渠道的公开资料一窥其设计流程的部分内容。例如，阿里巴巴通过云栖社区、用户体验设计论坛等方式传播公司的一些理念和案例，腾讯的用户研究与体验设计中心（Customer Research & User Experience Design Center，CDC）不仅是业界内具有影响力的设计机构，而且是对外宣传相关理念的平台。当前用户体验设计已经成为互联网经济不可或缺的重要组成部分，相关企业的设计理念和方法对于从业者和学习者而言都具有重要的参考意义。

从设计流程图来看，阿里巴巴比较强调在用户目标、技术限制和业务目标的交点中寻找设计的机会，在此基础上进行需求分析和用户体验设计，后期的设计支持中提到了“分析数据背后的用户行为”和“跟进用户反馈”等相关问题。阿里巴巴的设计理念对商业色彩的强调比较明显，强调设计赋能等商业导向的理念，如通过数据中心中台化流程等进行资源整合与能力沉淀，要求统一全平台的设计规范以减少重复或互不兼容的设计工作。阿里巴巴的设计流程不仅完整、深入和详尽，而且考虑到了未来整合智能平台辅助设计提升效率的前景，但是除了初期的用户研究和后期的用户测试和反馈，多学术背景团队、用户深度参与、快速迭代等用户中心设计的特征并没有反映在设计流程中（图2–8）。

相对而言，腾讯通过用户研究与体验设计中心提出的设计流程更简洁明快，在从需求分析到设计实践，最后到测试的链条中主要强调原则性的方法论，另外，在腾讯CDC所著的《在你身边，为你设计——腾讯的用户体验设计之道》中也阐述了相关理念。腾讯的设计理念相对而言比较偏重传统的设计流程，强调用户研究、概念设计和可用性测试中对用户的重视，但是对多学术背景团队、用户深度参与、快速迭代等理念同样未见触及（图2–9）。

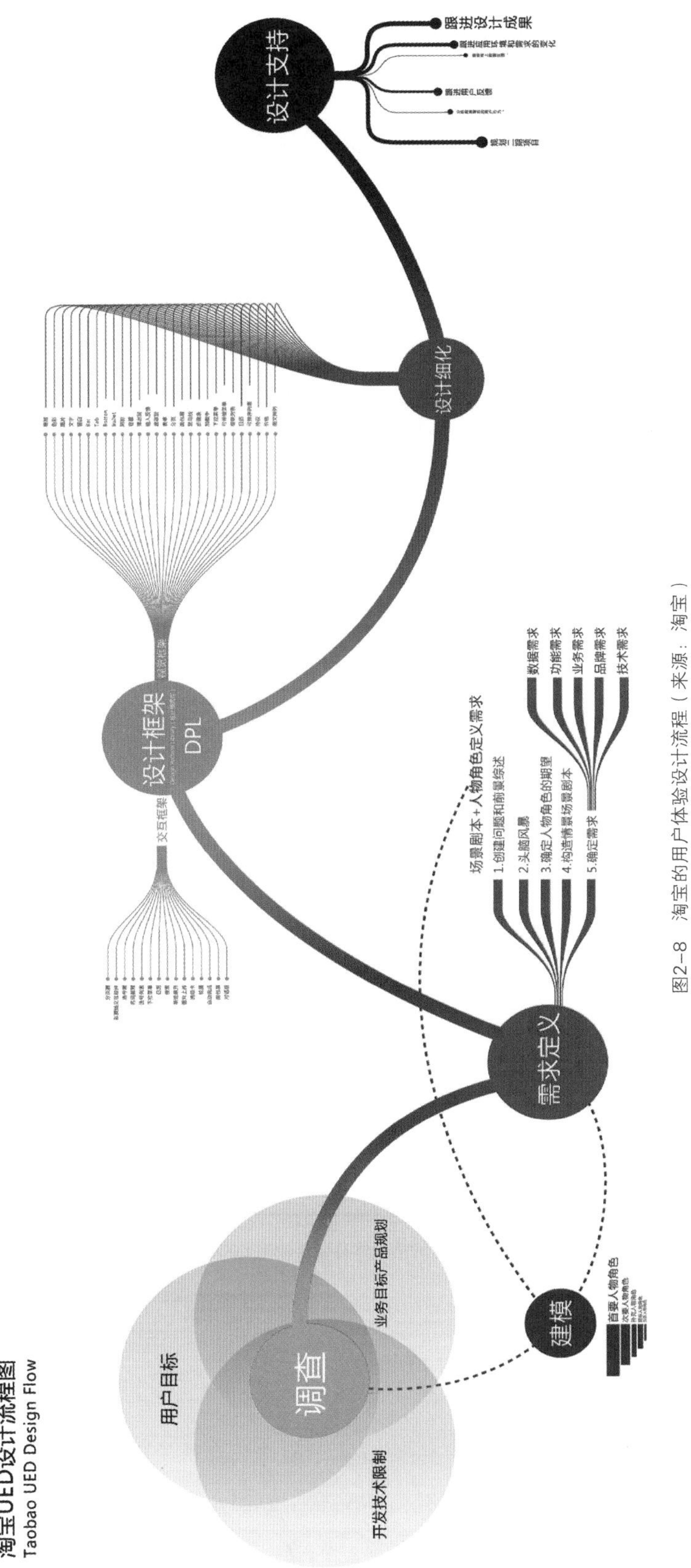

图2-8　淘宝的用户体验设计流程（来源：淘宝）

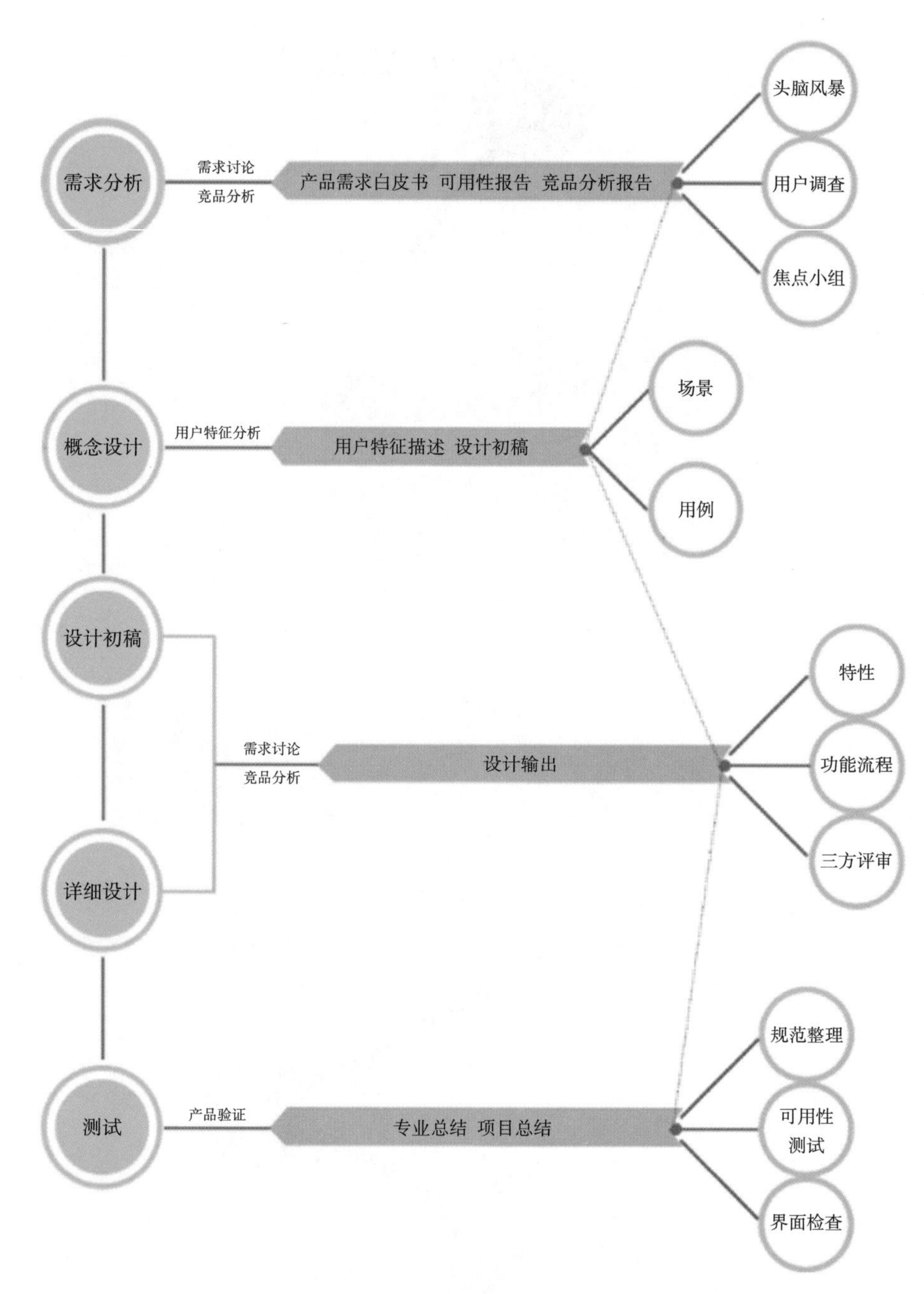

图2-9 腾讯的用户体验设计流程（来源：腾讯）

2.3.3 其他设计机构的实践

日本著名的印刷和广告企业——大日本印刷株式会社（Dai Nippon Printing，DNP）下属的共创型设计团队服务设计研究室（Service Design Lab）在广告设计和商业咨询等领域开展服务设计业务，并提炼出以客户、企业、专家和设计师共同参与、共同创意的四段式服务设计流程。

该设计流程将用户体验置于核心位置，在最初的开题阶段，即进行选题、立项时使用设计蓝图（Service Blueprint）等工具进行用户痛点分析；在此后的探求阶段中，首先通过服务猎奇（Service Safari）收集用户体验，通过设计简报（Design Brief）整理服务设计要件，并结合利益攸关者地图（Stakeholder Map）将服务与提供者的关系进行可视化分析；在提案阶段中，使用丰田5Why分析法（Five Whys Explained）对客户的本质需求进行深入发掘，并使用简介说明把相关灵感可视化；在接下来的试做阶段中，通过剧场实践（Action Out）等方式对经过归纳整理的灵感进行演习验证，最后投入实施阶段将产品落地。

这个流程强调近年来服务设计中流行的"共创"理念，将客户、企业、专家和设计师组成设计团队并参与完成设计流程，面对客户，力求对需求进行深度分析并对方案进行早期演习。纵观全流程，它与用户中心设计的多学术背景团队、用户的深度参与、快速迭代等特征存在相当大的相似度（图2-10）。

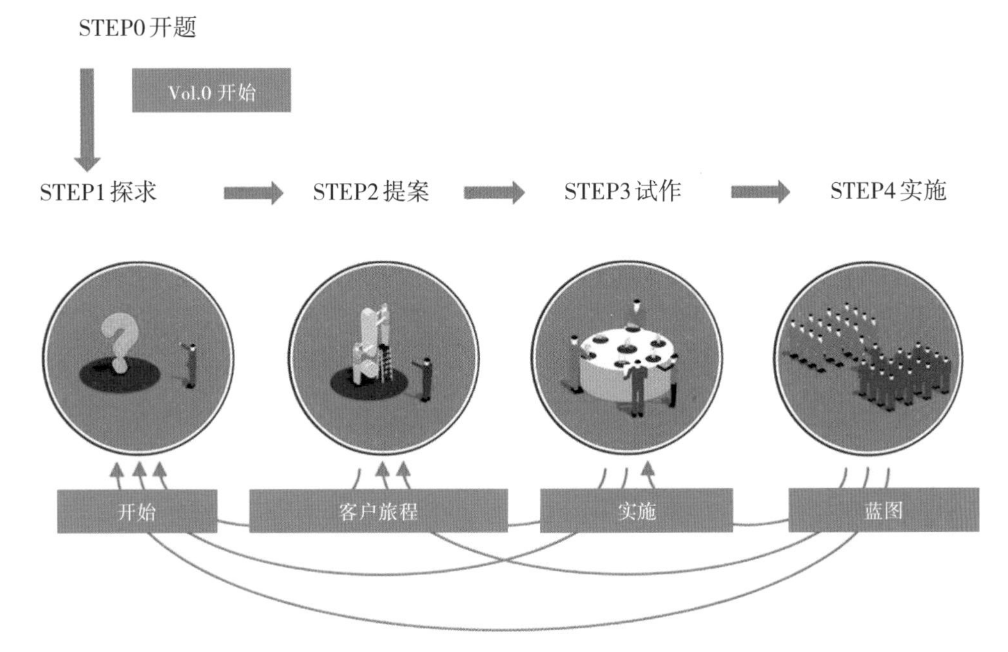

图2-10　大日本印刷株式会社旗下服务设计研究室（Service Design Lab）的服务设计流程

另外，以日本的电子商务和网络广告公司MEMBERS为例，其公开的设计流程明确指出基于ISO 9241—210：2010的架构，并分为六个步骤推进用户体验设计。主要流程为定义客户需求相关的商业要素、进行目标用户调查、对典型的目标用户进行模型化归纳、进行具体的用户体验设计、原型设计和产品实装，以及用户评价。从流程看基本属于对ISO 9241—210：2010主要内容的拆分（图2-11）。

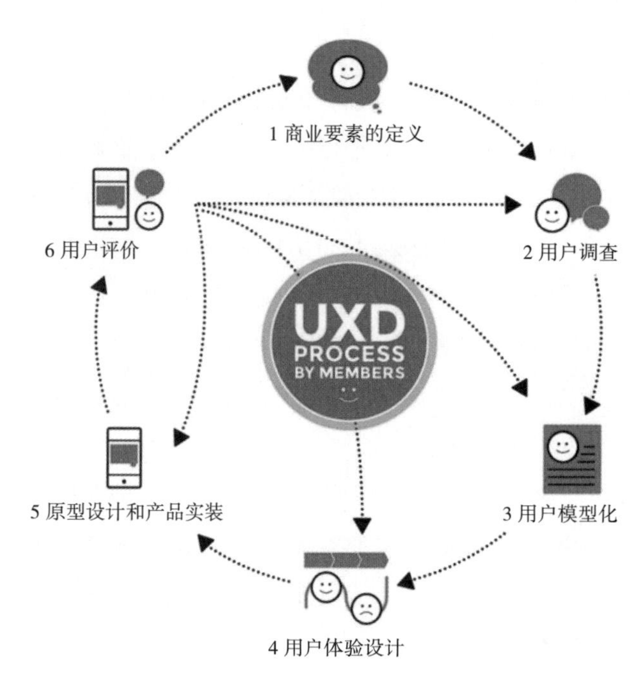

图2-11　MEMBERS公司的设计流程（来源：MEMBERS公司）

2.3.4　用户中心设计理念的启示

用户中心设计在诞生之初作为一种设计方法，旨在通过在设计流程中引入用户因素，以改善系统设计的人机交互效果，经过国际标准组织的规范制定，现已成为严谨的设计流程。这一流程的核心在于始终围绕着用户因素在各阶段的渗透，无论调研和分析阶段对于用户的观察、访谈和问卷调查，还是设计输出阶段的参与式设计，或其他严格立足于用于调研的设计工具，因为成功的设计的核心前提在于设计方案必须根植于目标用户群的需求。

以用户为中心进行设计作为一个口号是常识化的，大多数设计师都能意识到为用户设计的重要性，但是基于项目的客观限制及知识结构的主观影响，他们经常以自身经验或未曾亲自参与的市场调研的结果为准。许多完整的项目，在概念深化的后期都会让用户参与进来做些相关反馈，但过晚的参与往往会产生较大修改，不仅难度大、成本高，严重影响项目进度，而且后期反馈中用户面对完成度较高的方案，他们的反馈并不一定与真实的情况相符，往往需要在投入生产并投放市场后才发现设计缺陷。

反观采取用户中心设计流程的设计团队，他们对目标用户群进行直接观察和交流以了解详细的个人经验，这比研究报告上的统计数据更能展现用户的需求。此外，在设计初期构建阶段就鼓励目标用户深度参与甚至协助构思方案、输出方案、评价方案，并对方案进行迭代。因此无论对设计方案本身还是整个项目而言都具有质量和风险上的收益。应用用户中心设计的理念可以得到关于产品的新见解，这对所有设计项目都是有益的，这种价值已经超越了诞生之初的交互设计领域，从设计流程看，无论是有形产品还是无形产品都能够从中获益；此外，在对现有产品进行迭代时同样必要。用户中心设计能够引导设计师反思现有产品存在缺陷的原因并提出新的假设，由此产生的创新能真正贴合用户需求。

因此，用户中心设计的流程已经推广至工业产品、系统UI与服务的设计，它不仅可以帮助设计团队提高工作的有效性和效率，并减少用户使用过程中可能对健康、安全和绩效产生的不良影响。同时，用户中心设计贯穿于系统的整个生命周期，从对某个设计概念的愿景开始，通过对需求的分析、功能细节的确定、设计实践的输出直到方案的验证和迭代这一整套的流程推动设计项目的顺利、高效实施，到及时获取用户反馈，实现产品的改善与升级，可被视为一种通用的设计管理方法。

这一设计管理方法应用于以项目负责人为领导，包括市场营销专家、用户研究专家、用户体验设计、工业设计师和产品测评专家在内的设计团队推进的设计项目流程，其基础理论来源如第1章所述，与消费心理学、人因工程学及用户体验设计存在密切的联系，本书将在第3~5章进行系统性的介绍（图2–12）。

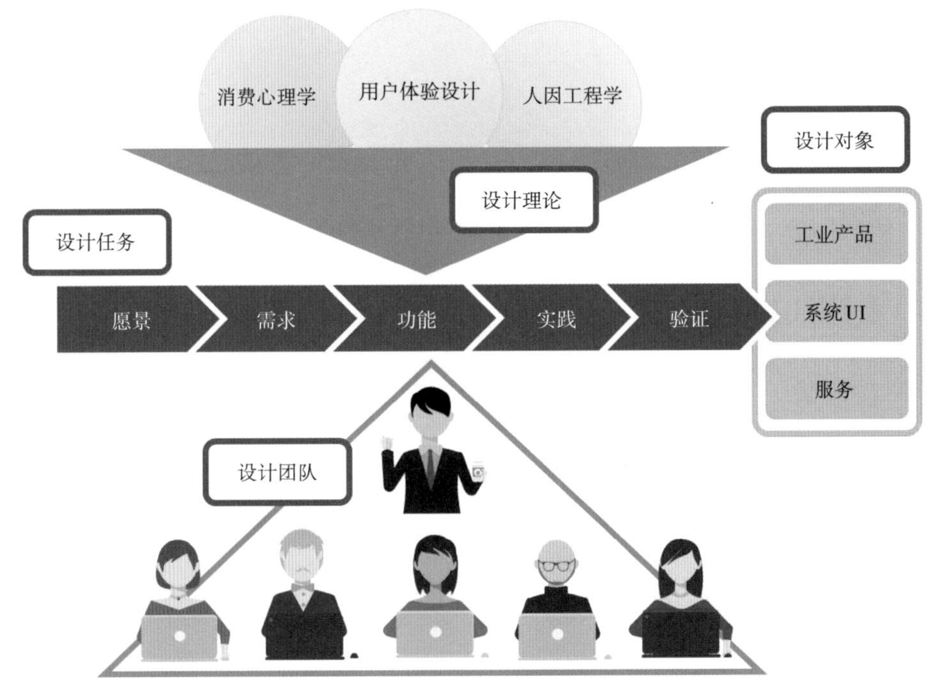

图2–12　用户中心设计的概念框架

思考题

1. 你认为ISO 9241—210：2010标准的哪些部分反映出了以用户为中心的理念？
2. 尝试分析你手机中某款App的使用背景和用户需求，并简单加以说明。
3. 你认为用户深度参与设计，能为设计团队带来什么样的新思维？以你感兴趣的领域为例尝试阐述。
4. 从本章介绍的国内外设计公司的设计流程中，你发现了哪些共性？

第3章　消费心理学与用户中心设计

课题内容： 介绍与用户中心设计相关的消费心理学知识，讲解具体的联系和应用方法。

课题时间： 6课时

教学目的： 帮助学生掌握作为用户中心设计理论基础之一的消费心理学知识及其应用。

教学方式： 课堂讲解理论知识

教学要求： 1.对消费心理学中与用户中心设计相关的知识点进行体系化介绍。

2.深入讲解如何在用户中心设计中应用消费心理学的知识。

3.1 消费心理学概述

消费心理学是心理学的一个重要分支，它研究消费者在消费活动中心理现象产生、发展和变化的一般规律，是心理学原理在消费领域的应用。其目的在于研究消费者在消费过程中的心理活动规律及个性心理特征。促成消费是设计的根本目的，因此，消费者心理和设计具有密切联系。

3.1.1 消费心理学的诞生与发展

从两次社会大分工直到19世纪，商品生产和贸易往来促使生产者、经营者、消费者不同程度地关注消费活动中各主体主观因素相关的问题，部分学者对诸如消费需要、消费习惯、消费阶层等展开研究，积累了大量基础知识。19世纪后期到20世纪70年代，学者们开始将人们在长期经济活动中所积累的碎片化知识从体系上进行建构，形成较为正规的消费心理学学科。消费心理学作为一门学科产生的原因，一方面在于因应经济发展的状况，另一方面在于相关学科的发展为消费心理学奠定了理论基础。消费心理学科的诞生与心理学、消费经济学及其他分支学科的生成有着密切关系，很大程度上是心理科学理论在实证研究中不断向消费研究领域渗透，而与消费有关的社会经济文化问题又反作用于应用心理学所致。

消费心理学作为独立学科诞生后，其内涵不断深化和拓展，自20世纪70年代中叶至21世纪初，消费心理学的科学理论体系在不断创新的过程中得到进一步丰富和完善，主要体现在研究领域的拓展、探讨范围的扩大，以及研究国界的突破。在这个过程中，一个与设计学科相关的现象是多学科的相互渗透，如美国消费者研究会的会员由心理学、经济学、市场学、数理统计学、建筑学、工程学等多领域的专家组成。在这种多学科背景下与设计相关领域的学者能够进入这一学科共同探讨并完善理论构建，设计界则能够在实践中借鉴相关的研究成果。

3.1.2 消费心理学对于设计的重要性

消费是一种商业行为，它是作为消费主体的人或组织出于延续和发展自身的目的，有意识地消耗物质资料和非物质资料的能动行为。消费可分为生产消费和个人消费：生产消费指在生产过程中对原料、燃料、工具、人力等的消耗；个人消费指为满足自身的生理和精神需要，对各种生活资料、劳务、精神产品的消耗。作为消费主体的消费者，包括在不同时空范围内参与消费活动的人或组织，他们的心理不仅在主观上决定着消费行为的发生与发展，也是在某个具体领域推进设计流程的起点。

当我们谈论消费心理学对设计产生的影响时，常常会发现诸如感性工学、设计心理学、人因工程学之类的概念更容易受到重视，这些概念集中考查了人在使用和评价具体产品时心理特性的影响，也逐渐成为设计学领域中的显学。但从商业运行角度而言，需要先将“人”转化为“消费者”，再将其作为“用户”来研究。从设计实践角度而言，形式追随功能，而功能服从于需求。因此我们需要将设计作为一种商业行为去思考人在消费行为中的心理因素，对消费者心理的把握将有助于在设计行为尚未开始之际，准确把握设计定位，并且制订精准的设计策略，并和企业形象、广告设计、市场营销等进行结合，迎合消费者心理、满足消费需求、适应消费习惯，促成购买行为，通过这一系列行为形成全面的商业解决方案。

虽然与设计相关的心理学知识有时候被统一冠以设计心理学的概念进行讨论，但从消费的前后顺序来看，可以分为接受信息、购买产品、使用产品和使用反馈等不同阶段，不同阶段各有特点。本书将消费者接受信息和购买产品的阶段，与使用产品和使用反馈的阶段分开，对这两个阶段中消费者心理因素的影响分别进行讨论。前者为本章所谈的消费心理学，主要谈论从产生心理需要到实施消费行为这一阶段；而后者多涉及人的感官系统和信息处理系统，属于生理和心理的交叉部分，本书将其作为人因工程学的一支，在第4章进行讨论。

3.1.3 消费行为中的心理诸要素

消费行为兼具个人属性和社会属性。从个体角度看，消费心理现象是消费者个人行为的心理表现，因此会受到消费者个性心理特征影响；从社会角度看，消费者的心理和行为反映出其所在群体的特征。因此对于消费行为，我们在分析消费者心理过程中，在共同属性的基础上，不仅要从微观上把握个人的心理活动，也要在此基础上对消费者心理特点进行宏观思考。

从微观层面而言，消费者在市场活动中所产生的动机、感觉、知觉、记忆、学习、决策等心理活动过程，表现出人类心理活动的一般规律，这种一般规律构成消费心理学的理论基础。与此同时，消费者在遵循一般规律的基础上，其行为反映出消费者个人稳定的、本质的心理品质，这些心理品质反映出消费者独有的消费心理个性。这种个性特征在市场活动中表现出消费者在气质、性格、能力等方面的差异，并由此构成消费者购买动机和购买行为的基础。

虽然消费者的购买活动是个人行为，但在社会活动中，一些消费者由于类似的年龄、职业、性别、收入水平、社会地位、受教育水平等内外因素的影响，在消费行为、消费心理上表现出相当程度的相似性，由此构成了消费群体。从宏观层面研究这些消费群体的消费心理，可以使我们更好地把握消费心理的共性，认识消费心理的规律性。消费群体心理有许多共同的表现，由于某一群体共同生活在某一社会环境中，我们可以通过用户研究发现构成消费群体的社会关系、社会环境，以及由此形成的共同的消费观念和消费习惯。

本章对于消费心理学的讨论主要集中在三个方面，第一方面是消费需要与消费动机，这是从心理层面了解消费行为的基础，所关注的是消费者希望获得什么。第二方面是与消费相关的感知、记忆与学习，这个阶段主要关注消费者如何获得产品的相关信息，即需要、动机和最终消费决策之间的阶段。第三方面是消费者的个性特征、态度及消费决策，这是在行为层面探讨心理因素，关注消费者如何决定自己的行为。我们将从消费者心理谈到产品策略，即具体如何从消费者的心理出发定位设计方案。

3.2 需要与动机

消费需要和消费动机是从消费者视角理解产品的起点，因为它们驱动着消费行为的产生，并且消费者的需要、动机与态度将间接影响设计团队的选择。

3.2.1 消费需要

消费需要指人在一定生活条件下对客观事物的需要，它表现在人对内部环境或外部生活条件的一种稳定的要求，并成为人类活动的源泉。在消费行为中，消费需要指消费者生理和心理上的匮乏状态所造成的对有形或无形商品的获取欲望和要求，其内涵是模糊而理想化的。消费需要固然是消费行为的基础，但并非直接原因，需要在转化为更加明确的消费动机后才能驱动消费行为。

消费行为可以理解为对消费需要的满足，当消费者通过消费行为满足自身消费需要后，又会产生新的需要，因此，人必要存在一定的消费需要。消费需要具有以下五个特点。

①消费需要具有多样性。影响消费需要的因素不仅包括消费者个人的心理意识、生活方式、收入水平等内部因素，还包括来自外界的消费环境、企业影响等外部因素，受到不同因素影响的消费者也存在着多种多样的消费需要。

②消费需要具有伸缩性。各种外部因素（如广告、价格、营销策略、收入变化）的刺激或者制约可能导致消费需要的增强或减弱。

③消费需要具有发展性。随着物质条件的发展，旧的消费需要得到满足后，新的消费需要不断出现，且其不断深化和更新。

④消费需要具有周期性。表现为虽然因为消费需要的发展性导致新的需要不断代替旧的需要，但是受到人类生理周期、自然环境周期、社会文化周期和商品生命周期等的影响，一些需要可能呈现周而复始的特点，设计领域一些风格的周期性变化尤为明显。

⑤消费需要还存在互补性和替代性。因为不同商品和服务之间可能存在互补和替代，因此对特定产品的消费需要不仅可能因为其他产品的存在而被代替，也有可能因为其存在而被激发出来。

根据心理学家马斯洛提出的需求层次理论（图3-1），人的需要从低到高可以分为生理需求、安全需求、社交需求（爱与归属）、尊重需求和自我实现需求这五个层次，当低层次的需求被满足了之后才会出现较高级的需求，中国早在春秋战国时代就有“仓廪实而知礼节，衣食足而知荣辱”的说法，表达的是类似的道理。随着时代的发展，近年来消费需要产生了很多变化，如越发重视感性化、个性化、体验化。感性化指人的消费逐渐超越生存需要、安全需要等低层次需要，开始追求与感情、归属感、社会承认等相关的精神层面的消费。因此消费行为的驱动越来越多地基于人的感性逻辑而非生理需要。个性化指消费者不只满足于商品的功能属性，而是重视其个性特征，希望通过消费来展示自己的个性、传达自己的品位并获取对自己的关注。体验化指不仅将获得商品，而是将整个消费过程中的体验视为消费目的的重要一环，甚至不是为了获得有形商品，而是完全为无形的体验进行消费。

图3-1 马斯洛需求层次模型

市场调查需要对消费需要进行收集，但如果仅仅是简单地进行问卷调查、访谈调查，则有可能导致结果流于表面，需要从不同的深度和广度对消费需要进行把握。从深度而言，消费需要可分为现实需要和潜在需要。从内部条件而言，消费者不仅能意识到自身对某种产品的欲望与要求，而且具备足够的消费能力。从外部条件而言，市场应在技术和产量上足以使消费者的欲望、要求和消费能力转化为消费行为，如果内外条件都得到满足，我们称这时的消费需要为现实需要。潜在需要指目前尚未显现或被消费者明确意识到，但在相关条件被满足后，可能形成的需要。潜在需要通常是因为缺乏某种消费条件而造成的，如缺乏可以满足消费需要的产品、消费能力不足、相关信息没有得到传达等。反之，如果满足了这些条件则有可能激发潜在需要以实现商业利润（图3–2）。

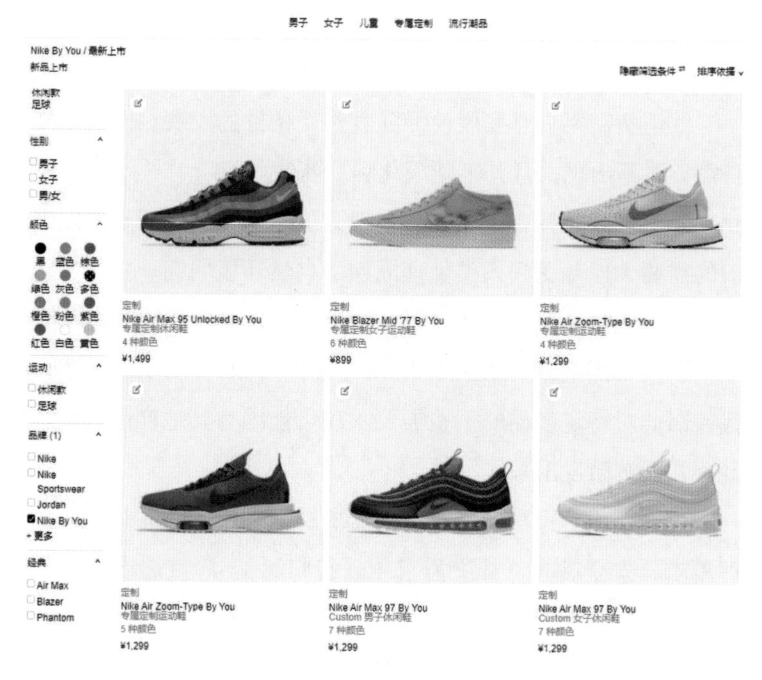

图3–2 耐克公司提供的个人定制运动鞋服务Nike By You

现实需要在生活中是显在的，可以通过简单的市场调查直接进行收集和提取，但当设计团队寻求新产品的开发、设计时，仅靠现实需要的调查不足以提供项目所需的信息，因为很多时候现有产品的存在不足以调动消费者的现实需要，所以才需要通过开发新产品来扩大需要，因此，需要挖掘潜在信息作为新产品开发的基础。所以相较于现实需要，潜在需要也应得到足够重视。正因为消费需要是消费行为的基础，所以产品的设计应关注消费需要的特点、变化趋势和不同类型，通过满足消费需要来实现设计的最优解。

3.2.2 消费动机

消费动机指人在消费需要基础上产生的，诱发消费行为的直接原因。消费动机能否引起消费行为取决于动机的强烈程度，消费需要的多变决定了动机的多样性。人可能同时存在许多动机，其中不但有强弱之分而且有矛盾和冲突，只有最强烈的动机，即“优势动机”才能引起最终的行为。依照动机来源可将消费动机分为内部动机和外部动机，而依照动机的层阶性可分为生理性动机、社会性动机、心理性动机。

消费动机是消费者内在需要在意识层面的外在映射，相较于消费需要更加具体，和消费行为的因果关系也更加直接。因此，对消费动机的研究为促进消费行为提供了更为明确、有效的路径。消费动机由消费需要、外界刺激和目标诱导三种要素构成，其强度也由三种要素的强度共同构成，因此我们也可以把消费动机理解为由消费需要、外界刺激和目标诱导三种要素相互作用形成的一种合力。从这种合力的构成来看，我们可以发现消费动机具有以下三个特点。

一是复杂性。消费动机是一个复杂的系统，不同消费动机可能导致同样的消费行为，而相同的消费动机也可能导致不同的消费行为。例如，同样是购买运动型多用途汽车（Sport Utility Vehicle，SUV），不同消费者的动机中，既有重视车内的空间感，也有需要在路况不佳的地段行驶，还有对SUV车型的喜好，甚至有消费者认为SUV安全性较好。而同样是重视车内的空间感的消费者，有些人选择了SUV，有些人中意长轴距轿车，还有些人偏爱旅行车。因此，不仅针对同一款车型的设计、宣传策略必须多元化，针对同一类型用户的营销方式也应保持灵活性（图3-3）。

图3-3　对汽车空间感的相同需求在落实到具体产品时完全可能演变为不同选择

二是内隐性。消费动机是一种内在的心理倾向，通常只能从消费行为来逆向分析其内涵和特征，但在复杂的消费行为中，真正的动机经常被消费者有意无意地掩盖，因此不能简单地根据消费者的言行进行简单的逆向推断。例如，虽然为了锻炼肌肉很多人选择去健身房，但是并不能简单地认为去健身房的人都是为了锻炼肌肉塑造体型，实际上健身服务的消费者中还有仅仅想减肥，或者是维持健康，甚至仅仅是找些事做打发业余时间的人。无论是进行场馆空间的设计，还是进行私人教练服务的规划都必须在把握消费者的真实动机后才能根据实际需求有的放矢（图3-4）。

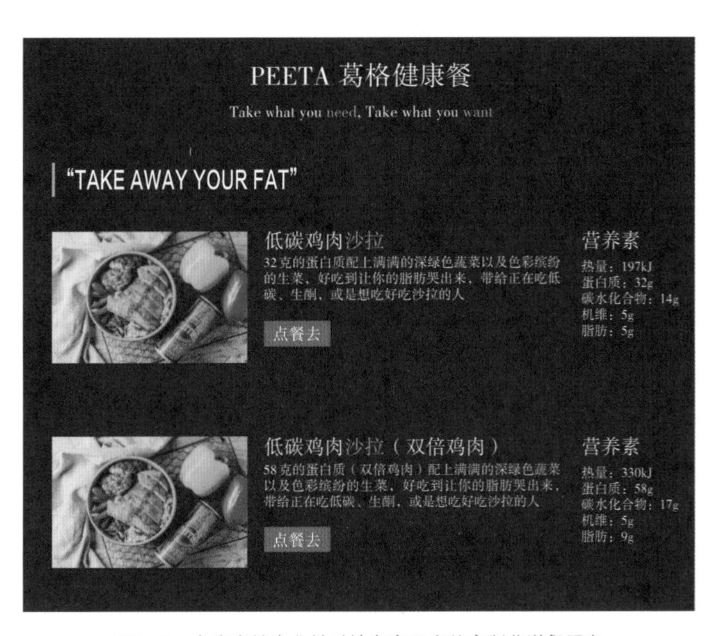

图3-4　台湾省某企业针对健身房用户的定制化送餐服务精准定位了用户需求

三是矛盾性。复杂的消费动机往往是由多种不同的动机相互作用构成的系统，不同动机的地位和作用是不同的，其中强烈而稳定的被称为优势动机，其他的则被称为劣势动机。消费行为往往是在动机间的矛盾和冲突中获胜的优势动机所引发的结果，当不同动机势均力敌时，需要外部因素的介入来打破均势。例如，消费者在选择沙发时，虽然很想买外观典雅奢华的皮质沙发，但觉得性价比高的布艺沙发也不错，这时候需要经过反复权衡加以选择，在难以决定时，如果被告知有兼顾美观、性价比较高且便于清洁的科技布材质的沙发可选择，则有可能引导消费者做出新的决策（图3–5）。

图3–5　在超纤基材上覆盖PU涂层的科技布兼顾了皮面和布面的优点

消费需要来自消费者生理和心理上的匮乏状态，在消费需要之上产生的消费动机也可以分为生理性消费动机和心理性消费动机。生理性消费动机是消费者为了满足其生存需要而产生的动机，具体包括购买与衣食住行紧密相关的日常生活用品，购买用于增进健康和治疗疾病、婚育抚养，以及提升基础知识与生产技能的产品和服务。这种消费动机的特点是个体间差异小且具有简单、频繁、重复的特点。

3.2.1节中提及近年来消费需要的感性化、个性化、体验化趋势越发明显，与之相对应的心理性消费动机对消费行为产生的影响越来越大。心理性消费动机是消费者为满足其精神或社会需要而产生的动机，具体包括感情动机、理智动机、惠顾动机。

①感情动机。感情动机包括情绪动机和情感动机。情绪动机是由人的喜、怒、哀、乐、爱、欲、恨、惧等情绪引起的消费动机。例如，情绪激动时购物容易发生冲动性消费就是感情动机所驱动的，其特点是具有冲动性、即景性和不稳定性。情感动机是由人的高级情感所引起的消费动机，如美感、道德感、理智感等，如在众多类似商品中选择包装最具有美感的一款，其特点是具有稳定性、深刻性。

②理智动机。理智动机指建立在人对产品客观、全面的认识基础上，经过分析、比较后产生的购买动机，如在对若干款手机进行包括价格、性能、外观、人机效能等在内的综合对比后选择了最符合自己需要的那一款，其特点是具有客观性、周密性、可控性。

③惠顾动机。惠顾动机指人根据感情和理智上的经验，对特定的商品、品牌或商店产生特殊的信任和偏好，形成习惯、重复消费的动机，如偏爱某个品牌的服装所以每次换季时都会优先去该品牌的门店购买衣服，其特点是具有稳定性，且个人经验的作用大。市场学中有时会通过品牌忠诚度这个概念说明类似问题，以此反映消费者对品牌的偏爱、信任和依赖程度（图3–6）。

图3-6 一项2018年的调查显示日本人对其国民品牌的忠诚度较高，索尼、丰田、日立、资生堂等榜上有名

了解消费动机对于设计团队有的放矢地规划设计策略非常有帮助。例如，对于男性消费者而言，理智动机发挥的作用更为明显，往往是有明确而具体的需要，之后针对市面商品的质量、功能、性能等方面进行比较，明确了有符合自身需要的商品后直接购买。而女性消费者的感情动机发挥的作用相对男性要多一些，受到情绪、联想、营销策略、环境氛围灯外部因素的影响较多。又如，对于知名度较低的品牌而言，打开销路的关键在于通过功能、性价比等因素促使消费者的理智动机发挥作用，或者通过一些现场的营销策略试图唤起消费者的感情动机；而知名度较高的品牌则在设计和营销策略方面有更大的施展空间，可以通过对品牌认同、消费习惯的强调来唤起部分消费者的惠顾动机。以上情况说明，把握消费者的消费动机是推动消费行为的关键因素，因此，消费行为会间接影响到设计团队对于设计策略的选择（图3-7）。

图3-7 小米利用实体店的体验唤起消费者的购买欲

多数情况下消费者受到多个动机共同驱动，在它们的共同作用下决定是否消费，这个过程可能是多个动机共同促进消费行为，也可能是多个动机互相抵触、冲突，此时根据冲突结果可能最终发生消费，也有可能阻碍消费。消费的诱导方式主要分为证明性诱导、建议性诱导及转化性诱导。

①证明性诱导包括实证诱导、证据诱导、论证诱导。实证诱导是通过演示行为进行直接证明，以促进消费的诱导方式，如化妆品专柜的导购人员实际为消费者进行上妆，通过实际的妆后效果来进行诱导；证据诱导是通过提供间接证据的方法促进消费的诱导方式，如家用电器专柜的导购通过介绍某款产品获得著名设计奖项，以证明其在设计和功能上的优秀来诱导消费者（图3-8）；论证诱导是销售人员通过摆事实、讲道理的方法使消费者信服并劝说其消费的诱导方式，如计算机销售人员通过给出详细的部件品牌和参数分析其性能，让消费者接受其说法并考虑购买。

图3-8　设计奖项已成为不少获奖商家展示产品设计与功能的途径

②建议性诱导指通过向消费者提供适时适度的建议以进行诱导。例如，在消费者对本季的新款服装表现出兴趣但没下决心时，导购人员表示该款服装非常适合该消费者的气质以劝说其进行消费决策；或者是消费者已经购买了智能手机时，导购人员顺便推荐其购买配套的手机配件；此外，消费者想购买某款电器但发现缺货，此时消费人员可以在问清楚消费者的需求后推荐类似的替代商品。

③转化性诱导指在消费者对商品表达疑问或异议时，通过对其态度进行转化进而进行诱导。例如，针对消费者对某款家用轿车动力不足表达不满的情况，分析其日常使用场景对于动力的要求并不严苛，同时强调其低故障率和高性价比，传达出产品竞争力，进而诱导其进行消费。

消费动机的复杂性给设计团队规划设计策略提供了较高的灵活性，达成诱导消费行为的目的固然有不同的可能路径，但也可能存在着众多可能路径中性价比较高的最佳路径。总之，消费动机在设计策略中的应用，主要是从功能、造型、营销等方面对消费动机进行合理的诱导，以实现消费行为的转化。

3.3 感知、记忆与学习

需要和动机仅仅是消费的前提，当消费者进入消费流程时，最先面对的是琳琅满目的产品，此时他们对于产品相关信息的感知是引发购买行为的重要基础，这也是设计的重要切入点。另外，如果将日常的消费行为视为一个持续、反复的行为，必须思考消费者对于产品信息的记忆与学习方式，以促进具有持续性和长远性的消费行为。

3.3.1 消费感知

消费感知是消费者获取产品的视觉、触觉等信息并进行加工、分析，从而形成对产品的初步印象，是消费行为的开始。感知分为感觉（Sensation）和知觉（Perception）两部分，感觉是通过感觉器官（眼球、耳朵、皮肤等）接受来自机体内外的刺激，知觉是人脑对作用于感觉器官的客观事物的信息进行加工并产生整体反映。具体过程将在人因工程学的相关章节进行介绍，本章主要介绍感知行为的结果在消费过程中的反映。

消费者的感觉是多元的，产品的形状、颜色、体积、质感、气味等都可能作用于感觉器官并形成相关印象。其中，视觉层面的感知包括三维世界中的实体产品，以及反映在屏幕中的二维虚拟产品，人脑所接受外界信息的80%以上经由视觉获取，因此，视觉刺激在产品设计中起的作用至关重要，也最为常见和有效。例如，同样是几乎无色无味的水，有些看起来让人觉得昂贵而有些则显得廉价，容器的颜色、材质、触感甚至有可能影响消费者主观上对于口味、口感的印象，进而改变消费者对于产品品质和品牌形象的认知。仅以国内常见的矿泉水或饮用纯净水为例，相较于在国内市场走高端路线的依云（Evian）、富维克（Volvic）和圣碧涛（San Benedetto）等进口矿泉水，部分国内品牌的包装缺乏设计感、材质单薄，给人以品质感不佳的印象。后来主流的国产品牌通过包装的改版和升级，从标签的配色和图案、瓶身的造型和材质进行了调整，明显提升了其档次。面对质优价高的进口矿泉水，逐渐形成了质优而高性价比的形象，其中，部分国产品牌逐渐开始进入中端市场。水的口感虽有细微区别，但是对于多数消费者而言，对其的印象更多来自直觉化的主观感受，而非对口感和矿物质构成的客观分析，因此品牌形象尤为重要，通过包装设计进行视觉传达给消费者造成的感觉与品牌形象密切相关，进而影响销售策略，因此是品牌设计的关键因素之一（图3-9）。

图3-9 国内饮用水近年来向国际品牌学习，重视包装的作用

工业产品的视觉元素则更为复杂，仅以便携式计算机为例，同为轻薄的便携式计算机，既有通过采取银色原色、造型过渡略显圆润柔和的铝镁合金外壳以突出时尚感和轻薄感的苹果公司的MacBook Air；也有使用边缘线条犀利的黑色碳纤维材质，同时彰显便携性、强度和商业气息的联想公司的ThinkPad X1 Carbon。而厚重的游戏型笔记本中，戴尔公司的Alienware使用阳极氧化铝的银黑配色，并采取个性较强的折线造型以强调科技风；造型圆润、使用黑色磨砂塑料的惠普公司的WASD暗影精灵看似中庸却通过在机身A面和C面通过撞色细节和材质纹理营造些许前卫感。这两类四款笔记本虽然存在来自硬件结构与体积的客观限制，但各自都通过对材质、颜色、线条和其他细节进行有规划的设计，带给消费者不同的感觉，并因此营造出符合自身品牌或产品定位的市场形象，以此精准吸引企业经营和产品策略所设定的目标用户群（图3-10、图3-11）。

图3-10 同为轻薄笔记本的MacBook Air和ThinkPad X1 Carbon，品牌定位与形象大为不同

图3-11 戴尔公司和惠普公司的游戏类笔记本在设计风格上彼此对标并表现出较强的特色

大致上，外界信息中超过10%的信息来自听觉，仅次于视觉。在消费感知中的常见应用场景首推音乐在广告中的应用，令人印象深刻的广告和其中的音乐有时候能给潜在

消费者带来深刻的印象，在合适的场合中通过音乐就能迅速唤起对品牌或产品的记忆，并有可能引导消费行为。与此类似的是线下实体卖场乃至线上网购平台可以通过音乐来营造合适的消费氛围，其中既有以合乎品牌风格的配乐来强化消费者品牌认知的策略，也有通过快节奏音乐来诱导消费者进行冲动消费的做法。无印良品的线下门店是充分利用听觉效果的范例，作为一个主打文艺、休闲风格的高品质日用百货品牌，无印良品在门店播放节奏舒缓而文艺感强的欧洲风格音乐，和门店装修风格及商品风格浑然一体，营造出和品牌形象高度一致的氛围，无形中强化了在店里挑选商品的目标用户群对品牌的感受（图3-12）。

图3-12 无印良品从商品到内装再到主题音乐都展现出文艺、清新而闲适的风格

除了音乐外，各类实体产品及系统、App往往有各自的专属音效，在一定条件下形成的高认知度同样可能具有极其重要而广泛的影响力，如Windows 95、Windows XP、Windows7等系统的开关机音效及系统内的一些操作音效，辨识度极高且系统间存在部分的继承，可谓深入人心，是Windows系列操作系统最令人印象深刻的感知元素之一。此外，诸如诺基亚手机的开机音乐、iPhone的铃声等都是一个时代的记忆，对于各自品牌形象的塑造均有着无可替代的作用（图3-13）。

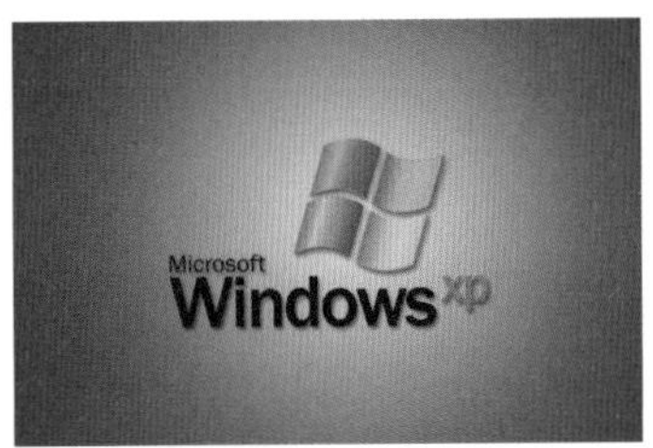

图3-13 随着Windows系统开机画面的是熟悉的音效，具有很高的辨识度

除了视觉和听觉，还有嗅觉、味觉、皮肤觉和运动觉等感觉，也同样在不同角度、不同程度对消费的引导发挥相应的作用。嗅觉虽然不易受到重视，但往往能够在消费引导行为中发挥独立的作用，且作用范围仅次于视觉和听觉。例如，超市中和便利店中一些熟食或半成品加工专柜附近往往飘香四溢，刺激闻到香味的人产生食欲，这种做法在很多时候是可以采取的，就是为了对路过的消费者产生直接的诱导作用，刺激他们消费。另外，一些美妆店、香氛店使用香味剂，可以在较大的范围内持续让消费者产生相关印象（图3-14）。

图3-14　英国美妆品牌露诗（LUSH）的门店是运用嗅觉引导消费的成功范例

味觉是需要通过主动接触而留下印象的感觉，但是往往能留下非常深刻的印象，这也是食品和饮料领域最重视的方面。饮料领域的品牌形象塑造，最有名的就是可口可乐与百事可乐两大巨头之间的竞争。众所周知，在可乐领域，可口可乐不仅是开拓者也一直是当仁不让的市场领先者，百事可乐自诞生之日采取的就是追赶者战略。为了对标可口可乐而在宣传、销售中采取针对性策略，其中在口味上，百事可乐通过增加甜度收获年轻消费者的好评，销量逐年增加（图3-15）。百事公司的策略迫使可口可乐高层于1985年推出偏甜的新口味以图回击，但经典口味的改变反而让可口可乐饱受抨击，最终被迫改回原有配方。百事可乐的产品策略和可口可乐的反应都说明了在特定的消费领域，味觉有可能产生决定性影响。皮肤觉在工业产品表面、美妆护肤品、包装或容器等细分领域具有重要作用。

图3-15　百事可乐通过盲测口味的方式一举树立品牌形象

感觉对于消费者的影响除了相关刺激的有无还包括其程度的强弱，因为感觉器官只有在一定强度的刺激下才能产生感觉，同理，在消费过程中，也并非任何刺激都能引起消费者的反应，这里需要谈及感受性和感觉阈限的概念。感觉器官对适宜刺激的感觉能力称为感受性，能引起感觉的最小刺激量为感觉阈限，感觉阈限值与感受性成反比。感觉阈限分为绝对阈限和差别阈限，绝对阈限指能可靠地引起感觉的最小刺激强度，差别阈限指感觉所能觉察的刺激物的最小差异量，两者都是制定营销策略的重要参考因素。绝对阈限常应用于广告和包装的设计策略，如在制作广告时应确保字幕的大小及显示长度，让消费者看得清楚，否则广告信息无法得到有效传达；差别阈限多应用于市场营销，如在提高产品价格时应尽量避免超过会引起消费者注意的差别阈限，而促销时则需确保超过消费者对价格有所感的差别阈限。此外，在企业更新包装的同时希望保证延续性，可以采取多次更改，而每次都限制在差别阈限范围内的做法。

消费感知除了感觉这一因素外，知觉也发挥着重要的作用。知觉是指消费者对通过感官获取的外界信息进行加工和分析，形成自己独有的理解和认识。知觉不仅需要人脑输入外部的刺激，还需要结合记忆、经验和知识框架进行整体性认知。例如，面对图3-16中的汽车，即使对于汽车品牌几乎一无所知的人也能根据图像并通过常识认出这是一辆轿车，如果把这张照片给生活在亚马逊雨林几乎不接触外部世界的土著居民看就无法得到相同的结论。但即使是生活在同一个环境中的人，对汽车品牌有起码认识的人能根据车身上的标识推测这是一

图3-16　对汽车了解甚少的人对于明显的产品特征也无法形成有效认知

辆比亚迪轿车，对比亚迪较熟悉的人则能进一步认出来这是一款比亚迪的汉系列混合动力轿车。对于同样的视觉信息，不同的人会得到不同层次的认知，其区别在于对视觉信息进行加工，即知觉这一过程中的差异所导致。

3.3.2 消费者的记忆与学习

消费者固然可以在短期内感知产品的相关信息，但是如果将眼光放长远来看，诸如购买食品、饮料、日用百货、数码产品乃至无形的服务，日常生活中的消费行为往往在一个较长的周期内反复进行，这要求产品并不仅仅追求短平快的宣传效果，而是使产品的特点、优势及可以为消费者带来的利益作为知识结构的一部分，试图让这些信息在消费者的大脑中留下持久的印象，因此，研究消费者如何对消费信息进行记忆和学习具有重要的现实意义。

记忆过程分为识记、保持、再认和回忆四个阶段，考虑如何使消费者维持对产品的记忆也围绕着四个方面展开。对产品的识记可分为无意识记和有意识记，无意识记在市场营销策略中常得到运用，如本章3.3.1节中提到用户记住Windows系列操作系统的音效就是典型的无意识记，又如“钻石恒久远，一颗永流传”“农夫山泉有点甜”“Just do it”等脍炙人口的广告词都在相当广泛的群体中形成了无意识记。当这些广告词在合适的时机、场合响起时，潜在消费者关于产品的记忆将迅速被唤起（图3-17）。而保持的规律在营销策略中也得到不少应用，如制定广告策略时考虑投放频率，则需要根据目标用户群的遗忘曲线制定有针对性的投放策略。对产品信息的再认和回忆需要考虑记忆内容、消费者的原有经验巩固程度、个人性格、回忆类型、外部诱因等多重因素，营销策略在这个阶段也具有多种有针对性的施加影响的方式。

图3-17 戴·比尔斯（DeBeers）的广告词“钻石恒久远，一颗永流传”很大程度改变了国人对珠宝的观念

学习是消费者对感知和记忆的内容进行加工的阶段，是消费者行为的关键。在日常生活中，除了消费者本人的消费经历，商业广告、购物评价、各类传媒的非商业广告内容、消费者间的口口相传等都有可能成为学习体验的来源。消费者学习的基本模式是消费者从之前的消费过程获取经验，进而形成自己的判断，并应用于今后的消费实践，但

随着媒体和商业平台范围的不断拓展，仅在网购平台上浏览其他消费者的消费后评价、买家秀，或者通过系统和其他消费者进行交流，都可能使消费者进行学习并形成消费决策的依据。

根据消费者个人精力投入的多少可以把学习分为高介入状态学习和低介入状态学习。高介入状态学习指消费者有目的地、主动地处理和学习信息，如当消费者考虑买房置业时，会通过网络搜索相关信息、专业媒体，向熟人请教，加入线上讨论等多种方式深入学习相关知识。低介入状态学习指消费者没有动力主动去处理和学习信息，如当消费者在电视、网络上看到自己不常用的产品的广告时，并不会费心去记忆、钻研广告内容，但是低介入状态学习依然可能对消费者产生影响。例如，感冒药“白加黑”的广告反复强调“白天吃白片，不瞌睡；晚上吃黑片，睡得香”，将药品的用法通过广告的反复灌输形成初步印象，并且充分利用语义进行包装设计以强化记忆，当消费者需要买感冒药的时候就能迅速回忆起这个品牌（图3–18）。

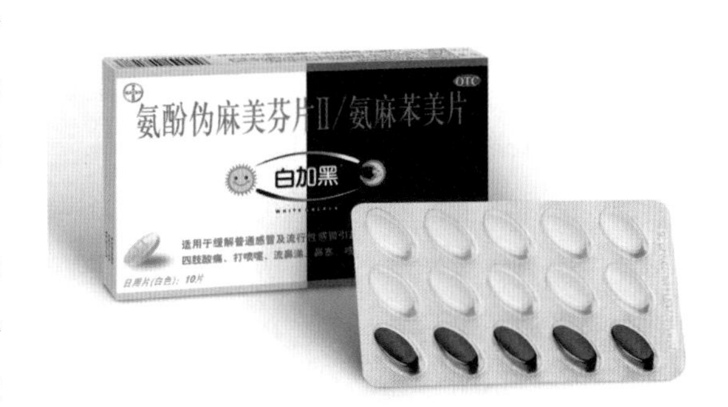

图3–18　感冒药“白加黑”不仅是广告设计的典范也是包装设计的成功案例

3.4　特征、态度与决策

消费者特征即消费者在能力与人格层面的个别属性，在消费者具备需要、明确动机，并且通过感知、记忆等行为唤起了消费欲望后，在选择具体消费对象和方式时，消费者特征将产生重要影响，也是企业在对特定的潜在消费者实施有针对性的营销措施时的主要依据。消费态度作为消费过程中个人内在的情感因素在外在层面的浮现，是企业获得信息并以此为基础施加影响的重要抓手。消费决策是消费者面对消费诱导后的直接结果，在消费决策时获得的体验将成为后续消费态度的重要来源，并将对今后的消费决策产生影响。

3.4.1　消费者的个性特征

即使具有相似的需要和动机，在相似的环境中感知和学习各种信息，消费者最后的消费行为依然可能千差万别、各具特色，这是因为消费者所具有的个性心理特征各不相同。心理学中把个体身上经常地、稳定地表现出来的心理特点的总和，称为个性。人的个性特征会通过人的行为方式表现出来，消费者个性心理特征的差异是通过不同的购买行为表现出来的。因此，研究了解消费者的个性不仅可以解释他目前的购买行为，而且可以在一定程度上预测他将来的消费趋向。

消费者的个性特征首先反映为个人的气质，气质决定着人的心理活动的特色，是性格的动力基础并对行为起着动力作用，也是区别个体之间不同个性的标志之一。从内容上看，它主要包括心理活动和外部动作中速度、强度、稳定性和灵活性的心理特征的综合体现，它的外部表现给每个人的个性抹上了独有的色彩。古代最著名的气质学说是由古希腊医学家希波克拉底于公元前5世纪提出的体液说，他认为人体内含有四种体液即血液、黏液、黄胆汁、黑胆汁，机体的状态决定四种体液的有机配合。2世纪，罗马医生盖伦采用了气质这一用语并把人的气质分为十三种，后来被古代医学界逐渐简化为四类，即四种体液的混合：以血液占优势属多血质类型、以黏液占优势属黏液质类型、以黄胆汁占优势属胆汁质类型、以黑胆汁占优势属抑郁质类型。依据气质在人身上的表现所划分的类型为气质类型。它在某一类人群身上共存或相似的特征是有规律结合的。

依据体液说可以对四种典型的消费者进行以下归纳：胆汁质类型消费者表情外露、心急口快，选购商品时言谈举止显得匆忙，因此往往是快速地，甚至是草率地做出购买决定；多血质类型消费者更容易受到产品的外表、造型、颜色等的影响，但有时注意力容易转移，兴趣忽高忽低，行为易受感情的影响；黏液质类型消费者比较冷静、慎重，他们善于控制自己的感情，不容易受广告、商标、包装的干扰和影响；抑郁质类型消费者选购产品时优柔寡断，且对外部信息将信将疑、态度敏感。在消费活动中，消费者的气质可能会在一系列思考和活动中逐渐展现出来，多数消费者是以某种气质为主，兼有其他气质。消费心理学研究消费者气质类型及其特征的目的是提供理论指导，以便于发现和识别消费者的气质特点，进而引导和利用其积极方面。

消费者的个性特征还反映在人的性格上。性格是指一个人在个体生活中形成的，对现实的稳固态度及与之相适应的习惯了的行为方式，其是由各种特征所组成的有机统一体，由于性格是一种稳定倾向，因此可以一定程度上预见消费者在某种情况下的行为模式。人的性格是较稳定的，也是可塑的。在新的生活环境、教育，以及社会新的要求影响下，一个人的性格可以通过实践活动而逐渐改变。性格的共性是指某一社会集团的人群共有的本质特征。消费者作为一定社会集团的成员，和该集团其他成员具有大致相同的经济、政治和文化生活条件，某个特定的消费者身上也会反映出其所属集团成员共有的性格特征。

消费者的性格特征从购买态度上看可分为节俭型、自由型、保守型、怪癖型和顺应型，从购买方式上看可分为习惯型、慎重型、挑剔型和被动型，从个体活动的独立程度看可分为独立型和顺从型。这些分类方式都在某个维度展现了消费者个性特征中的某个明显部分，但是在现实生活中，消费者的性格往往不是单一型的，而是中间型或混合型的。研究消费者的性格特征及类型，有助于进行具有针对性的规划、设计和营销活动。在产品的前期设计规划中，对于性格的把握有助于对产品的造型、配色、功能、价位和配置等进行较为精准的选择（图3–19）。

图3–19 不同个性的消费者对于设计风格的偏好也往往会表现出差异

3.4.2 消费者的态度

消费者的态度指消费者评价消费对象时的心理和行为倾向，消费态度将导致消费者从感情上亲近或排斥特定产品。消费态度既存在于消费决策之前，也存在于消费决策之后，是理解和解释消费者行为时不可忽视的重要部分。对于设计团队而言，消费态度不仅会影响市场细分，也会影响产品开发、广告设计。

一是市场细分。市场细分指按照某一标准将市场中的消费者细分为不同类型的群体，进行有针对性的商业策略研究，细分标准包括年龄、身材、健康状况等生理特征，爱好、态度、性格等心理特征，职业、收入、教育水平等社会特征，购买频率、使用状况、产品忠诚度等行为特征，以及重视价格、重视品质、重视设计等收益特征，其关键在于设计团队需要分辨出产品对于消费者而言最重要的特征及与其变化相关的消费者属性，并且据此进行有针对性的用户研究（图3–20）。

图3–20 同样是广受赞誉的瑞士手表，天梭（Tissol）、浪琴（Longines）、劳力士（Rolex）和百达翡丽（Patek Philippe）面对的是不同的细分市场

二是产品开发。消费者对现存的旧产品与规划中的新产品的态度是影响新产品开发项目的决定性因素。如果消费者对于旧产品的某些方面存在一定程度的遗憾或抱怨，而新产品在该方面的改进让消费者感到新奇、满足，那么我们认为新产品的开发方向是正

确的；反之，则不应该盲目修改旧产品的既有优点以至于弄巧成拙，在技术条件尚无根本性提升的前提下，设计团队不应该通过激进设计尝试改变消费者的态度。

三是广告设计。以宣传满足消费需要为根本、诱导消费行为为核心的广告设计，需要明确消费态度，识别消费者对于产品最看重及最有可能给予积极评价的特性进行广告设计，并由此构建出公众视角下的产品定位。

消费态度的重要性决定了应该对其特征和改变方式进行研究，并且摸索如何通过设计帮助实现这一目的。从消费态度的形成而言，主要基于消费需要、消费者的知识与经验、消费者的性格特征、社会文化等因素，而在探讨消费行为之后的消费态度时，还需要在前述几点之外加上消费体验这一因素。总体而言，消费态度一般具有以下五点特征。

第一，主观性。消费态度是消费者在客观基础上形成的主观判断，是众多因素彼此作用后在人的情感层面的映射，具有主观性的特点。因此，当我们寻求改变消费态度时，不仅要从产品层面进行改进，还要通过广告设计和营销策略的改进寻求改变消费者的主观想法。

第二，复杂性。消费态度形成的相关因素种类众多，且市场上的产品种类众多，因此，即使对于同一类产品，消费者的态度也是复杂多变的，甚至对于同一种产品的前后态度也会随着一些相关因素的变化而产生变动。

第三，指向性。消费者的态度一般都指向产品或服务的特定属性，如设计感、功能、品质管理、服务态度等。

第四，稳定性。消费态度是消费者基于若干客观条件形成的情感判断与主观印象，虽然在内外因素的作用下，存在逐渐改变的可能性，但在一段时间内可以保持相对的稳定性。

第五，可塑性。尽管消费态度存在稳定性，但是如果能够探明消费者形成某种印象的深层原因，并且对于消费需求和动机有深刻理解，可以通过设计的改善、营销策略的改变来塑造新的消费态度。

消费态度会影响消费者对产品的主观判断，进而影响个人的消费决策，还有可能通过媒体和网络的扩散对产品的舆论风评造成影响，因此企业应该重视消费态度并且研究如何影响消费态度。关于如何改变消费态度，学术界和商业界基于多种理论进行过大量的研究与实践，虽然因为消费态度的复杂性，很难予以精确量化，但总体是在营销策略的架构下进行探讨。对于消费态度的改变，较为常见的是综合运用广告宣传、促销活动和客户服务等方式，针对消费者的认知、情感和行为等方面做出改变，以实现消费者心理上的内化、行为上的同化及社交中的服从。例如，阿迪达斯（adidas）作为德国知名运动用品制造商，其运动鞋早年给人的感觉是严谨、内敛和专业性，虽然品质为人所称道，但相较于设计激进、更敢于引入各类新技术的主要竞争对手耐克（NIKE），在年轻人中的形象显得较为沉闷。近年来，阿迪达斯改变营销策略，通过和潮流界深度结合，成功地营造了时尚、嘻哈、年轻化、科技感强的风格，以Ultra BOOST、NMD、Yeezy Boost等为代表的新产品线异军突起，成功改变了年轻人对于阿迪达斯的态度，不仅迫使耐克更新产品线的技术，甚至在很大程度上引领了2014年以来运动鞋界的潮流，是改变消费态度进而成功引导消费行为的经典案例（图3-21）。

图3-21 阿迪达斯用全新的设计理念和营销策略一改年轻人对其的态度

3.4.3 消费决策

消费决策指消费者做出购买决定的心理过程，是消费行为的前奏。在决策过程中，需要基于获得的消费信息，结合自身需要，权衡不同的备选方案，以合理使用有限的财力获取最佳的消费方案，因为这一过程对于消费的发生及其结果具有决定性影响，因此，对消费者的心理特征进行研究非常必要。

消费决策主要具有目标明确性、主体单一性、范围有限性、变量多元性及情景复杂性等特点。

第一，目标明确性。消费者做出决策的目的是明确的，目的源于自身消费需求，并直接与消费动机相关，是消费者希望得到满足的需求或是必须解决的问题。

第二，主体单一性。消费行为是消费者主观意愿的表达，通常由消费者本人或者和他们关系密切的家人、朋友等少数人共同进行。

第三，范围有限性。消费决策时所需要考虑的，一般都是购买时间与地点、购买方式、购买目标、购买数量与频率等有限范围内的问题。

第四，变量多元性。消费决策固然需要考虑消费需要和消费动机，但当存在多个可满足需要和动机的选项时，最终的决策还受到消费者的个性、爱好、固有认知、风俗习惯、社会潮流、企业服务、购买环境、营销策略及其他偶发因素的影响，以上都有可能在不同程度上构成影响最终决策的变量。

第五，情景复杂性。消费决策具有明显的情景性。消费者在做出决策时必然身处特定的环境并和外界产生互动，因此，各种决策变量所发挥的作用也可能随着情景的变化产生波动，多变的情景让对决策的把握显得尤为复杂。

经典的消费决策过程包括五个阶段，分别为认知需要、收集信息、分析评估、购买决策、事后评价。以上过程虽然较为常见，但不排除部分消费决策过程可能更加简单或者更加复杂。

一是认知需要。认知需要阶段指消费者确定自身需求的阶段，其内容是消费者在发现现实状况与自己的理想状况之间存在差距，或者是受到内外刺激后，意识到自身的某种物质或精神需求。这里所讲的需求既可能是食欲、沟通欲等必然需求，也可能是看到广告或者经营销人员推荐后新产生的需求，如对新产品的好奇或者追赶社会风潮以获取外界认同的需求。

二是收集信息。收集信息阶段指消费者为了做出满足自身需求的决策，通过基于自身经验与记忆、接触各类媒体，或者是自行考查，乃至征询外界意见等方式，收集与消费相关的信息。收集相关信息的具体目的主要是扩大选择范围、深化相关知识、纠正认知误区和减少决策风险。

三是分析评估。分析评估阶段指消费者筛选信息、权衡利弊和拟定购买方案的阶段，既是消费者决策的决定性阶段，也是实现消费行为的关键环节。必须要注意的是，虽然分析评估以前一阶段收集到的信息为基础，但多数时候消费者因为时间精力所限，只能在有限的几种方案中选择，而对于利弊的权衡从消费者的实际需要来看，有可能因为对某商品部分属性的高度评价而接受其对于商品部分低评价属性的补偿，也有可能仅仅因为某商品的部分属性较低就直接放弃，需要根据消费需要和消费动机进行具体分析。

四是购买决策。购买决策阶段指消费者经过分析评估后对最优解形成购买意向并产生购买行为。尽管在分析评估阶段，消费者进行了利弊权衡，但是在决策时仍然可能出于不可预见性因素而改变其最终行为，如供货量或者价格的变动、付款方式和资金周转情况、商品状态和包装、其他外界刺激乃至心境变化等。此外，购买决策并非完全理性，因此情感层面的刺激和体验在很多时候尤为重要。

五是事后评价。事后评价阶段指消费者对于购买行为的具体结果和相关体验进行事后反馈的阶段，它既是一次消费决策的终结又可能成为另一次消费决策的开端。良好的事后评价不仅可能促成某个消费者的反复消费，也有可能扩散并推动其他消费者的初次消费。此外，设计团队可以通过事后评价，收集用户反馈并以此改进设计，或者用作新产品开发的基础信息（图3-22）。

图3-22 各类App日益成为消费行为中收集信息和事后评价的重要来源

3.5 从消费者的心理分析到产品策略

在消费者的心理要素中，不仅应探讨消费需要、消费动机、消费决策与消费态度，为了制定正确而高效的产品策略和营销策略，还应该从多角度对消费者的心理进行全面的分析和把握。

3.5.1 微观视角下的消费者心理

消费者心理的微观分析，指分析影响消费者行为的个体因素，如性别、年龄、性格、家庭结构等，微观分析的结果可应用于针对细分市场制订营销策略和较为具体的产品设计策略。

①性别与消费者心理。总体而言，女性和男性在思维方式、个性气质等方面都具有明显的差异，如女性侧重具象思维、想象力丰富并易于受到外界影响，与之相对的男性擅长抽象思维、逻辑性较强且更具有支配性和自信心。这种差异也可能反映在消费行为层面：女性的购买动机更为强烈，对价格更为敏感，从众心理较为强烈，重视口碑传播，并且对于美感和细节更为重视；男性更愿意为兴趣进行消费，重视购买便利性，在与社交相关的消费中容易被自尊心所驱动。

②年龄与消费者心理。市场学中往往将消费者分为儿童、青少年、中老年三个群体。儿童群体的攀比心理和好奇心理较重、模仿性较强，尚无明确的价格意识。青少年群体随着逐渐开始独立生活产生了群体化意识、个性化追求及价值取向，对社会潮流尤为敏感；此外，求新求美的心态、不成熟的消费心理也是较为明显的特征。而中老年群体则更为重视商品的实用性和便利性，消费心理趋于理智和成熟。

③性格与消费者心理。性格指个体对现实的态度和与之相适应的习惯化行为方式，这些行为方式中自然也包括消费行为。以固执程度、内向外向及宽容度这三种性格特征为例：固执程度较高的人倾向于接受传统产品，而固执程度较低的人往往更愿意接受新产品；性格内向的人往往以自己的内在标准衡量产品，而性格外向的人相对更愿意参考他人意见和市场接受度；宽容度较高的人相对更愿意尝试新产品，也包括革新性的产品，而宽容度较低的人倾向于选择自己比较熟悉的旧产品，即使接受新产品也多为渐进性革新产品。

3.5.2 宏观视角下的消费者心理

对于消费者心理的宏观分析，指分析影响消费者行为的环境因素，如社会文化、社会阶层、社会风潮等，对消费者心理进行宏观分析有助于更精确地进行商业前景分析、品牌形象规划、设计战略制订。

①社会文化与消费者心理。社会文化中包含诸多因素，因此和消费者心理之间的关系非常复杂，但仅以常见的一些文化现象为例也足以看出社会文化的深刻影响。例如，相较于西方而言，我国的家庭意识强烈，因此消费者尤其是持家者的消费方式更多地以家庭为单位来计算；同时，注重人情往来也是我国社会文化的特征之一，因此对于具有社交价值的礼品有着独特的需要；另外，当消费与我国的风俗习惯、风土景观等联系起来时，带有民族特色也是改变消费态度的重要方法之一（图3–23）。

图3–23 奢侈品牌古驰（GUCCI）发布借鉴中国元素的产品

②社会阶层与消费者心理。社会阶层的划分存在多种标准，最基本的是通过财产或经济收入来划分；此外，也可以根据社会职业、教育水准、居住地域等标准进行有所侧重的阶层划分。同一阶层内的消费心理存在内部的同质性、彼此的认同性，

以及相对稳定性，对于消费结构、价格敏感度、品质需求及品牌选择都有属于本阶层的特征，因此在市场细分中需要根据目标用户群来规划产品的设计和营销策略。

③社会群体与消费者心理。虽然从微观视角而言，消费行为的结果最终作用于个体，但是消费行为本身可能是群体性的，这些群体既可能是家庭、工作单位和朋友群体，也可能是拥有共同爱好的群体，甚至是仅在线上互动的虚拟群体，或是为了拼单砍价而组成的临时性群体。不同群体都有自己的特点及独特需要，因此在产品规划或营销推广时，可能会通过“家庭装”“某单位特供”“某购物平台版”“团购款”之类的方法针对部分社会群体进行精准化推广。

3.5.3　产品策略

当前的产业界内，信息、技术、人才和资金流动流畅且迅速，这导致产品设计出现高度同质化的趋势，不仅激化了竞争态势，而且降低了企业利润，因此在同类产品中脱颖而出成为设计团队的重要目标。从细分市场、规划设计策略、进行造型设计和包装设计、制订营销策略，直到客户服务，都应考虑消费者的心理特征，使消费者即使在同质化市场中也能发现与自己的需求和思维最契合的产品。

在我们围绕着某个目标开始新的产品项目时，必须首先对设计目标进行定义以明确需要设计什么性质的产品，这里可能是全新产品、革新产品，也可能是引进产品乃至仿制产品，这将决定项目的价值和风险。全新产品是指运用新技术或为满足消费者某种新需要而发明的，与功能相近的同类产品相比发生了实质性变化的产品。全新产品从功能原理、工艺流程到外观造型、性能特征等都是在以往的市场上不存在的，仅以最近十年左右出现的电子产品和互联网产品为例，以iPad为代表的平板电脑、以Quora为代表的问答型社交网站、以Uber为代表的共享汽车软件在各自的细分领域都可以被称为全新产品，该类产品如果成功固然会获得相对高的利润，与之相对的风险也较高，这里不仅是技术风险和资金风险，也伴随消费者接受度的风险。革新产品则是指在原有产品基础上采用新技术或新材料，使产品性能得到很大提升的产品，如近年从传统燃油汽车发展而来的新能源汽车、每年不断升级的智能手机等，都是具有代表性的革新产品。引进产品是指企业引进市场上现有产品的技术来生产自己品牌产品，有些时候会进行一定程度的改进，如上海汽车集团向福特汽车收购英国汽车品牌罗孚及其旗下车型Rover 75的知识产权和技术平台，于2006年创立“荣威”品牌并将首个车型荣威750推向市场（图3-24）。引进产品的技术、资金和消费接受度风险小，在市场上所占比例较大。此外还有仿制产品，指对现有的产品和技术根据自身需要进行模仿而生产出的产品，从2003年台湾地区联发科公司推出廉价手机芯片开始直至2010年后智能手机普及前的约10年

图3-24 上汽荣威750原为引进英国罗孚公司的技术生产的引进产品

间，曾在我国市场上大行其道的“山寨机”就是典型例子。

新产品的设计策略需要对其功能、结构、造型、个性化细节等进行全面规划。对于功能的革新及相应的价格上升，需要结合消费需求的迫切性及消费者的性格等因素去评估必要性；结构虽然和人因工程学的关系较深，但也存在和消费者心理紧密联系的例子，如欧美的车型在中国市场进行国产化时往往需要加长轴距，这并非出于人因工程学上的需要，更多的是受到中国消费者好面子这一社会文化因素的影响；造型设计和包装设计和消费者心理的联系最为紧密，人对美感的理解和年龄、性别、社会阶层、文化背景等都具有非常紧密的联系，因此对于设计风格的确定需要建立在设计团队的经验及对目标用户的调查基础之上；个性化细节的设置也会和消费者的心理特征有所关联，无论是衣物的配饰还是App的操作音效，都可能反映设计团队对消费者喜好的思考。

营销策略则是另一个与消费者心理的联系最为紧密的因素，广告的投放、品牌形象的宣传、现场体验或试用装的提供、展示与销售环境的设计、销售活动的规划等，都应结合消费者的心理特征进行细致规划。此外，客户服务不仅提升消费体验，而且可能关联到反复消费或消费扩散，根据消费者心理采取合适的对应方法以改善消费态度同样具有重要意义。

3.6 消费心理学在用户中心设计中的应用

用户中心设计需要解决的首要问题在于从用户视角出发思考用户需要什么，以及如何实现该需要。对于这个问题的解答需要考察客观条件和主观条件，客观条件包括市场环境、技术条件、消费能力等，而主观条件包括心理认知、个性特征、行为规律、情感需要等。精准把握这些影响消费者心理的主、客观因素，是设计团队面对某个设计项目时，明确其具体目标、提炼其商业价值的关键步骤，其将在很大程度上决定产品的市场定位和设计策略。

客观条件的剧变固然会影响用户需要，但在宏观经济和技术环境较为平稳的多数时候，用户需要的决定要因在用户的内部，即心理认知、行为规律、情感需要等主观条件。尤其是从微观层面探讨产品的设计策略时，应该注重对人的心理因素的把握以促进对产品的消费，从而实现商业利益。从宏观和微观两个层面思考消费心理学在用户中心设计中的作用，可以得出，消费心理学的相关知识可用于用户中心设计流程中的“了解和规定使用背景”与“规定用户与组织要求”两个阶段。

在“了解和规定使用背景”阶段，设计团队应首先明确产品和服务成立的基础，即产品被需要的时代和社会背景，以及产品如何被使用，从用户视角来说，可以理解为自身的某种需求是以何种方式被满足。设计团队可以利用消费心理学的基础知识，针对不同性别、年龄、社会阶层和文化背景的用户进行调研，对根植于消费需要的消费动机进行分析，明确产品的基本定位。

在“规定用户与组织要求”阶段，设计团队可以在消费心理学相关知识的指导下，根据市场现状和项目资源去思考各种主、客观因素对于特定消费者群体在感知、记忆、学习、个性和态度等方面的影响，从而针对用户的心理特征规划产品的功能、造型，形成进行具体设计前所必需的需求文档或设计策略。

用户在消费活动中与其说在意某些具体参数，更多的是整合客观数据和主观思考后进行综合判断，这个过程中客观数据虽然难以改变，但善于影响用户的主观思考往往可能收获奇效。在音乐类互联网产品中，网易云音乐是一个很有代表性的案例。相较于涉足在线音乐服务较早的酷狗音乐，背靠腾讯和阿里巴巴两大巨头拥有海量资源的QQ音乐和虾米音乐，网易云音乐并没有先天优势，但靠精准定位讲究格调的都市年轻人这一群体，发掘他们对于审美格调、操作模式、社交属性的需要，迎合他们习惯寂寞却不甘于寂寞的性格，不仅UI设计精良有格调、手势操作简单清晰、支持从豆瓣FM等App的一键导入，还尤其注重评论区和推送文案的设计，诸如“多少人以朋友的名义默默爱着”“一个人能有多不正经就有多深情”此类文艺气息浓厚的热门评论准确触及了一部分“文艺青年”的内心感受，并在很大程度上形成了用户黏性，进而在竞争激烈的在线音乐App市场中站稳了脚跟。网易云音乐的成功充分说明了对产品进行评价的关键因素在于重视用户的主观因素，即使企业在资源或者其他客观数据上并不具有明显优势，通过应用消费心理学对消费心理层面需要和个性特征的正确分析，从而为合适的用户提供合适的设计，依然可以创造出优秀且在市场中拥有竞争力的产品（图3-25）。

无论设计有形产品还是无形产品，根据消费心理学在用户中心设计中的应用现状来看，其最大的应用价值是时刻提醒设计团队应该从消费者的社会属性出发，学会从市场分析与商业模式分析的角度厘清项目本身的合理性，其也有利于设计团队分析用户需求、规划设计策略。

图3-25　网易云音乐的界面和文案很对“文艺青年”们的胃口

在社区电商平台类产品中，小红书是一个具有代表性的案例。小红书的内容主要由用户自发生成，也就是所谓的用户生成内容（User Generated Content，UGC），这种内容具有真实性、多样性和互动性，能够引起用户的共鸣和参与感。该平台会通过激励机制、活动策划、内容审核等方式，保证内容的质量和合规性，以及与平台的契合度。小红书的社交主要体现在用户之间的互动和交流，包括点赞、评论、收藏、转发、私信等功能，并且也会通过算法推荐、标签分类、话题聚合等方式，帮助用户找到感兴趣的内容和志同道合的人。小红书还会通过培养关键意见领袖（Key Opinion Leader，KOL），即具有影响力和专业度的用户，来提升平台的知名度和信誉度。小红书的电商主要体现在用户可以在平台上直接购买相关的商品或服务，无须跳转到其他网站或应用。小红书也会通过提供优惠券、返利、积分等方式，增加用户的购买意愿和忠诚度；此外，还会通过提供售前咨询、售后服务、物流跟踪等方式，保证用户的购买体验和满意度。小红书的成功在于重视用户的社会认同和自我表达的需求，它通过聚集大量有品质、有故事、有态度的年轻人，让用户感受到归属感和认同感，同时也鼓励用户展示自己的生活方式和消费品位，从而实现自我满足和自我提升。这体现了消费心理学中的社会影响理论，即消费者受到他人或群体的影响，在购买和使用商品或服务时会考虑他人或群体的意见、评价和行为。

小米则是在手机产品中的典型案例，其品牌定位是“为发烧而生”，通过提供高性能、低价格、高品质的智能手机，不仅满足了用户对性价比的追求，同时向市场展现其对于技术创新和用户体验的执着。小米建立了庞大而活跃的线上社区，让用户可以在这里分享自己对于产品的使用心得、建议和反馈，同时也可以参与到产品的开发、测试和改进中，并定期举办线下活动，邀请用户见面交流，增进用户之间和用户与品牌之间的互动和信任。此外，小米还建设了其众筹平台——小米有品，让用户可以提前预订或支持一些新颖有趣的产品，从而激发用户的参与感和归属感。此外，小米的产品也具有很强的可定制性，它通过提供不同的颜色、样式、配件和主题等选项，让用户可以根据自己的喜好打造自己独一无二的手机。如此种种，小米通过让自身的品牌形象与年轻人的价值观和生活方式相契合，让用户认同其是一个有梦想、有情怀、有态度的品牌。其成功体现了消费者通过购买和使用商品或服务来表达自己的身份、价值和态度，从而实现自我认同和自我满足。

思考题

1. 根据马斯洛的需求层次理论，各举出一种用以满足人的安全需要、社交需要和尊重需要的产品，并具体加以阐释。
2. 你认为在消费决策过程中，理性和感性哪个更重要？理由是什么？
3. 辨析“消费态度是消费者在客观基础上形成的主观判断，故具有稳定性而基本难以改变”，并且举例论证你的观点。
4. 选择你记忆里最深刻的产品或品牌，谈一下你对它的印象。
5. 选择一个你熟悉的消费品牌，从宏观与微观两个层面分析与它相关的消费者心理。

第4章　人因工程学与用户中心设计

课题内容： 介绍与用户中心设计相关的人因工程学知识，讲解具体的联系和应用方法。

课题时间： 6课时

教学目的： 帮助学生掌握作为用户中心设计理论基础之一的人因工程学知识及其应用。

教学方式： 课堂讲解理论知识

教学要求： 1.对人因工程学中与用户中心设计相关的知识点进行体系化介绍。

2.深入讲解如何在用户中心设计中应用人因工程学的知识。

4.1 人因工程学概述

用户对于产品的使用体验不仅来自设计本身，也时刻受到自身的生理、心理特性及使用环境的影响，因此用户中心设计的流程需要通过结合人因工程学的相关知识进行用户研究。

4.1.1 人因工程学的诞生与发展

工业革命之后，机器式生产逐步取代了手工式生产，大批量、大规模式的生产和流水线式的生产开始出现，从此工作的关键就成了对机器的操纵。美国学者弗雷德里克·W.泰勒（Frederick W.Taylor）发现了生产中的许多弊端，他致力于找到一种提高效率的工作方法。经过系统的研究，泰勒提出了他的科学管理方法和理论，这些方法和理论成为人因工程学的理论基础。继泰勒之后，H.闵斯特贝格（H.Munsterberg）也为人因工程学的发展做出了奠基性贡献，闵斯特贝格是美国哈佛大学的心理学教授，著有《心理学与工业效率》一书，他的突出贡献是把心理学的思想应用到提高工作效率中来。

随着制造业的不断进化，基于人机交互的工作不仅强度变大，内容也日趋复杂化，为了提升工作效率迫切需要一系列合理的方法来改善这一现象，这种客观现象促使人因工程学的发展进入一个新的阶段。这个转变被第二次世界大战加快了，在战争的推动下，许多高新科技成果诞生并直接应用于战争中，战争结束后这种发展趋势被延续到工业领域之中。20世纪60年代以后，人因工程学迅速发展并被广泛地运用到各个工业领域及生活用品的制造中。人因工程学涉及的范围越大、被应用的领域越广，和包括工业设计、建筑学、交互设计等在内的设计学理论的联系越紧密。越来越多的企业意识到人因工程学的重要性，在进行生产和设计时关注产品对于用户的易用性、舒适度将更有可能在市场上取得成功。

4.1.2 人因工程学对于设计的重要性

从某种意义上说，人因工程学和设计学在内容上存在共通之处，即都是研究人与物之间的关系。不仅如此，在进行研究时所遵循的基本思想也是类似的，即以人为中心，尽量让物适应人而不是相反。从这一根本思想上看，人因工程学尽管是独立的学科，但是在设计行业中完全可以成为常规设计过程的一个构成部分。事实上也是如此，面对产业的不断变革和技术的不断更新，人因工程学在工业设计、用户体验设计、建筑设计等领域发挥着日益重要的作用。

第一，从产品的基本功能和构造等因素来看，随着技术的进步，各种曾经被视为不可能的事通过产品的使用得以实现，用户和产品之间的新型交互逻辑有可能产生指数型增长。例如，传统汽车中的司机需要把主要精力放在前方视野中的路面和路标上，余下的部分精力需要观察车内仪表和后视镜等，但是随着驾驶辅助、自动驾驶技术的出现和普及，司机的注意力得到大幅解放，通过新型通信技术和人工智能的帮助，司机在座位上能够做的事将大幅增加，这不仅将改变汽车仪表的设计方式，甚至有可能改变汽车的定位和设计思想、操控方式、信息互动乃至乘车姿势等。司机与汽车及外界应该通过何种方式进行人机交互也越发成为研发和设计的重点，人因工程学在这一进程中的作用日益凸显（图4–1）。

第二，从产品的市场和品牌策略等因素来看，在发达的工业国家里，企业之间的产品在技术、品控等方面的差距往往并不十分明显，在同质化竞争日趋激烈的今天，单靠堆积技术或材料、提升硬件参数的做法既不经济也未必能够脱颖而出，而通过设计感提升用户在使用产品时的体验成为产品得以实现差异化竞争的重要途径。用户体验产品可能通过视觉、听觉、触觉等多种方式，因此产品设计也存在多种可能性。此外，随着产品的复杂性上升，不仅硬件方面存在着不同的可能性，软件的交互方式上也存在着更多设计方面的施力点。例如，任天堂的游戏主机Wii在面对索尼推出的Play Station 3和微软推出的Xbox 360时，通过独特的交互方式开拓了新的游戏体验，在销量上以非常明显的优势压倒了这两位实力强劲的竞争对手（图4–2）。

图4–1　全新技术的出现可能带来全新的人机交互方式

图4–2　合理而新颖的交互方式可能成为产品的核心亮点

4.1.3　人因工程学的研究领域

人因工程学主要研究人和外界（包括物体与环境）之间的关系，但是因为把人作为这种关系的中心，所以基本的落脚点在于对用户的研究，其中包括生理特性和心理特性。人因工程学所研究的心理问题和消费心理学所探讨的心理问题的分界点在于，人因工程学研究的是用户在人机交互环境中的心理特性，而消费心理学则探讨消费者在消费行为中的心理活动。此外，除了用户的生理特性和心理特性，人因工程学还探讨外界对人的影响，各领域的主要内容如下所述。

用户的生理特性包括目标用户的性别、年龄、身材、体能、感官能力和身体控制能力，而对于高龄老人、残障人士或其他具有特殊属性的用户，需要列入考虑范围的要素则更多。例如，设计操作屏、鼠标和键盘等输入设备时需要考虑不同年龄、性别人士的手部大小，并尽量减少用户的腕部和肘部因为长时间作业而造成的疲劳感；汽车座椅及其配件的设计要充分考虑不同身材、年龄的乘客在乘坐时的需要，保证其乘坐的舒适度与安全性。

用户的心理特性包括目标用户的动机、知觉及认知特性，这些特性会对用户在操作产品时的态度、效率和体验产生影响。例如，针对某个网购平台进行UI设计时，不仅要考虑页面的可辨识度，其商品推荐、支付、快递等页面的显示和操作逻辑也要符合多数用户的认知和操作习惯；设计药品包装时，用药须知等信息需要作出准确的传达，以避免可能的错误使用。

用户的使用环境分为物理环境和社会环境，包括温度、光照、噪声、振动等。例如，重型机械的操作空间设计，不仅需要考虑肢体活动时的灵活度、操作界面的有效性，还需要考虑操作空间内的温度、隔音性和抗震性等因素。

上述生理、心理特性及使用环境的影响，属于人因工程学的研究范围。在用户中心设计的流程中，需要掌握相关知识并对这些用户特性进行深入细致的研究，充分把握用户需求以提升用户体验。

4.2 用户的生理特性

关于用户生理特性的相关知识，本节着重介绍人体尺寸、运动系统、劳动强度与疲劳感等内容。

4.2.1 静态人体尺寸

在设计产品、系统和操作空间时，使之符合人体尺寸是人因工程学的一个基本的内容，如设计一把椅子需要使用户能以舒适的姿势坐在上面，设计一辆汽车需满足用户在车内有效、舒适的驾驶需要，因此设计师在考虑用户的生理特性时应该掌握人体尺寸的相关数据。人体尺寸分为静态人体尺寸和人体功能尺寸，前者在人体处于固定的标准状态下测量所得，包括许多不同的标准状态和不同部位，如手臂长度、腿长度、坐高等；后者指人在进行某种功能活动时，其肢体所能达到的空间范围，由关节的活动、转动所产生的角度与肢体的长度协调产生的范围尺寸，它是人体在动态下所测。

测量人体尺寸的学科称为人体测量学，我国原国家技术监督局（现国家市场监督管理总局）于1988年，在对我国成年人人体尺寸进行的规模测量的基础上，制定了关于中国成年人人体尺寸及其百分位数的国家标准《中国成年人人体尺寸》（GB/T 10000—1988），该标准适用于工业产品、建筑设计、军事工业及工业的技术改造设备更新与劳动保护。2023年，该标准被GB/T 10000—2023替代。此外，国家质量监督检验检疫总局（现国家市场监督管理总局）与国家标准化管理委员会于2010年制定了《中国未成年人人体尺寸》（GB/T 26158—2010），该标准适用于与中国未成年人人体尺寸有关的工业设计与制造。对于人体尺寸及其百分位数在产品设计中的具体应用，则通过《在产品设计中应用人体尺寸百分位数的通则》（GB/T 12985—1991）加以规定，人体尺寸在空间设计中的应用则由GB/T 13547—1992规定。

表4-1、表4-2列出了GB/T 10000—2023中我国成年男女的身体尺寸中，跟站立和坐

表4-1 18~70岁成年男性人体主要尺寸 单位：mm

百分位数	1	5	10	50	90	95	99
身高	1528	1578	1604	1687	1773	1800	1860
体重/kg	47	52	55	68	83	88	100
眼高	1416	1464	1486	1566	1651	1677	1730
肘高	921	957	974	1037	1102	1121	1161
手功能高	649	681	696	750	806	823	854
坐高	827	856	870	921	968	979	1007
坐姿眼高	711	740	755	798	845	856	881
坐姿肩高	534	560	571	611	653	664	686
坐姿肘高	199	220	231	267	303	314	336
坐姿大腿厚	112	123	130	148	170	177	188
坐姿膝高	443	462	472	504	537	547	567
坐姿下肢长	830	873	892	956	1025	1045	1086
胸厚	172	184	191	218	246	254	270
肩最大宽	398	414	421	449	481	490	510
坐姿臀宽	292	308	316	346	379	388	410

下时与作业有关的一部分主要尺寸（共16种）。在这些指标中，身高是最常被直接使用的，此外其他许多指标与身高是相关的，如坐高大约是身高的0.5倍，膝高大约是身高的0.3倍，可以粗略地根据与身高的比例来确定设计机械设备或空间所需为用户留出的高度。

表4–2　18~70岁成年女性人体主要尺寸　　单位：mm

百分位数	1	5	10	50	90	95	99
身高	1440	1479	1500	1572	1650	1673	1725
体重/kg	41	45	47	57	70	75	84
眼高	1328	1366	1384	1455	1531	1554	1601
肘高	867	895	910	963	1019	1035	1070
手功能高	617	644	658	705	753	767	797
坐高	780	805	820	863	906	921	943
坐姿眼高	665	690	704	745	787	798	823
坐姿肩高	500	521	531	570	607	617	636
坐姿肘高	188	209	220	253	289	296	314
坐姿大腿厚	108	119	123	137	155	163	173
坐姿膝高	418	433	440	469	501	511	531
坐姿下肢长	792	833	849	904	960	977	1015
胸厚	162	171	177	197	222	232	249
肩最大宽	366	377	384	409	440	450	470
坐姿臀宽	293	308	317	348	382	393	414

表4–1、表4–2中给出的尺寸并非统计学上的平均值，而是百分位数。百分位数是一种位置指标、一个界值，以符号P_K表示。一个百分位数将群体或样本的全部观测值分为两部分，有K%的观测值等于和小于它，有（100–K）%的观测值大于它。人体尺寸用百分位数表示时，称为人体尺寸百分位数。人体尺寸百分位数和满足度密切相关，满足度是指设计的产品在尺寸上能满足多少人使用，该指标的表述可以用"从人体尺寸来看，可以合适地使用该产品的用户人数占使用者群体的百分比"来表示，换言之为产品目标用户的预设尺寸能在覆盖人体尺寸表中的百分之几。

4.2.2 人体功能尺寸

在人体构造尺寸的基础上，考虑到人在进行各种工作时都需要有足够的活动空间，还需要进一步关注人体的功能尺寸。产品和空间尺度的设定，均需以人体总高度和肢体某些局部的尺度作为依据和标准，否则可能给生活、工作、交往和参观等造成不便，甚至对人体造成不应有的伤害。作业状态下的活动空间设计与人体的功能尺寸密切相关，以下根据 GB/T 10000—2023 标准中的测量数据，列出几种主要作业姿势下的人体功能尺寸。

考虑到绝大多数人的作业便利，对活动空间的设计应以高百分位人体尺寸为依据，以下以我国成年男子第95百分位身高（1800 mm）为基准。在工作中常取站、坐、跪（单腿跪）、卧（仰卧）等作业姿势，从各个角度对其活动空间进行分析说明并给出人体尺度图。

站立时的活动空间：站立时人的活动空间不仅取决于身体的尺寸，也取决于保持身体平衡的微小平衡动作和肌肉松弛，脚的站立平面不变时，为保持平衡必须限制上身和手臂能达到的活动空间。在此条件下，站立时的活动空间的人体尺度如图4-3所示。左图为正视图，零点位于正中矢状面上；右图为侧视图，零点位于人体背点切线上，在贴墙站直时背点与墙相接触，以垂直切线与站立平面的交点作为零点。

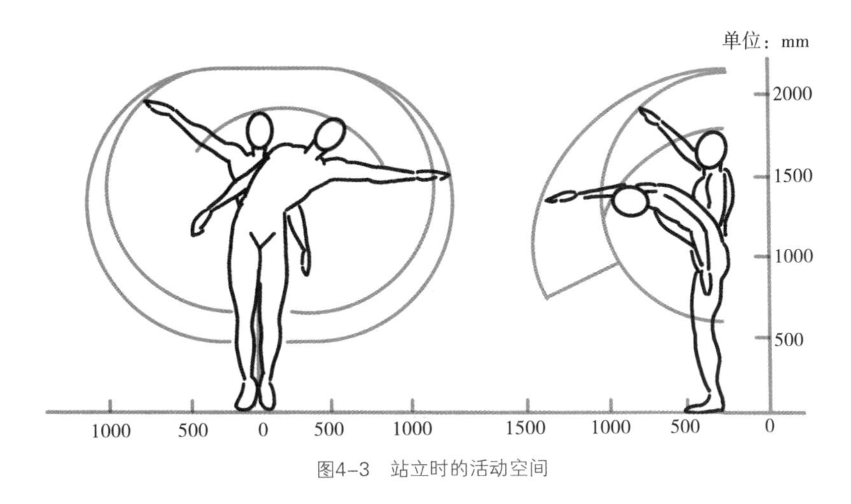

图4-3　站立时的活动空间

采取坐姿时活动空间的人体尺度如图4-4所示，左图为正视图，零点在正中矢状面上；右图为侧视图，零点在经过臀点的垂直线上，以该垂线与脚底平面的交点作为零点。

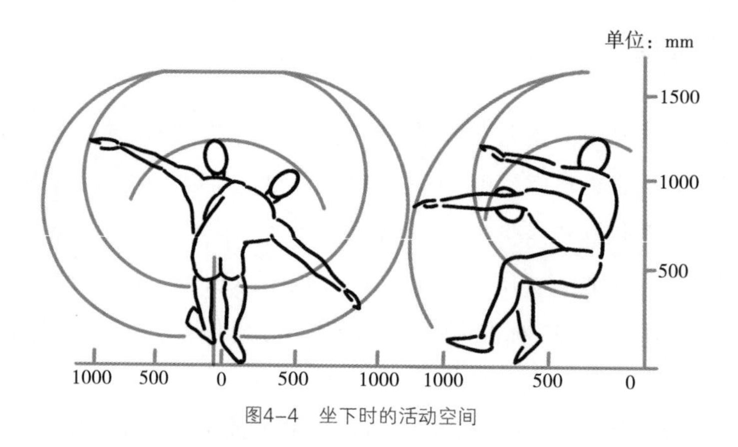

图4-4　坐下时的活动空间

跪姿时的活动空间如图4-5所示，需要注意的是，当人采取跪姿进行作业时，考虑到更换承重膝的情况，由一膝换到另一膝时，为了确保上身平衡所需要的活动空间比基本位置更大。左图为正视图，其零点在正中矢状面上；右图为侧视图，其零点位于人体背点的切线上，以垂直切线与跪平面的交点作为零点。

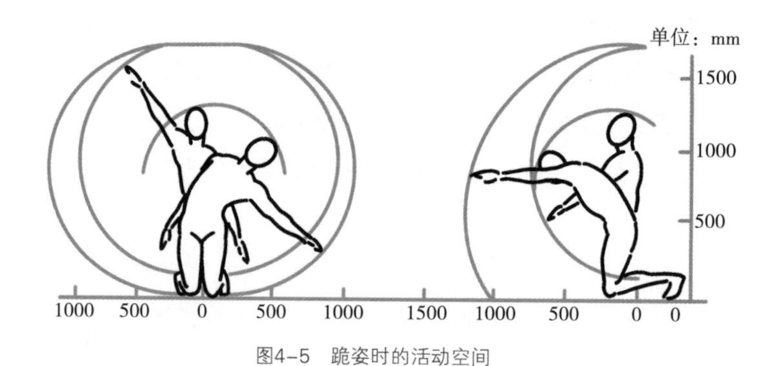

图4-5　跪姿时的活动空间

仰卧时的活动空间的人体尺度如图4-6所示，左图为正视图，零点位于正中中垂平面上；右图为侧视图，零点位于经头顶的垂直切线上，以垂直切线与仰卧平面的交点作为零点。

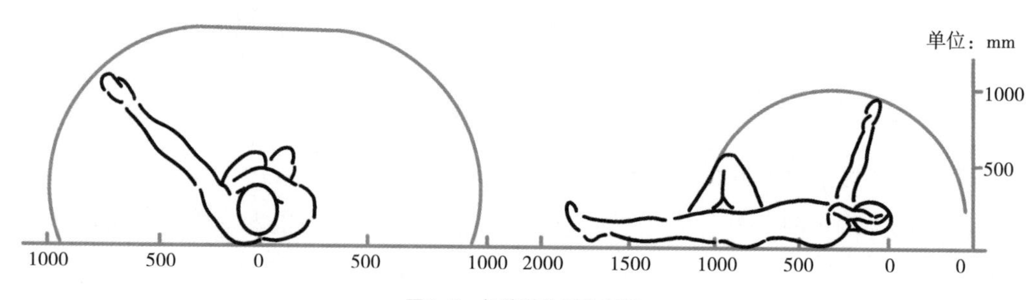

图4-6　仰卧时的活动空间

前述常用的立、坐、跪、卧等作业姿势活动空间的人体尺度图，可满足人体一般作业空间概略设计的需要。但对于受限作业空间的设计，则需要应用各种作业姿势下人体功能尺寸测量数据。GB/T 10000—2023标准还提供了我国成年人立、坐、跪、卧、爬等常取姿势功能尺寸数据，经整理归纳后列于表4-3。表中所列数据均为裸体测量结果，使用时应增加修正余量。

表4-3 18~70岁成年男女上肢功能尺寸 单位：mm

测量项目	男			女		
	P_5	P_{50}	P_{95}	P_5	P_{50}	P_{95}
上肢前伸长	760	822	888	693	755	820
上肢功能伸长	654	710	774	595	653	715
前臂加手伸长	418	451	486	386	416	448
前臂加手功能伸长	308	340	374	284	313	346
两臂展开宽	1594	1698	1806	1472	1560	1655
两臂功能展开宽	1378	1475	1582	1267	1354	1452
双臂功能上举高	1845	1993	2150	1709	1836	1974
直立跪姿体长	612	679	749	621	647	674
直立跪姿体高	1200	1274	1351	1131	1198	1271
俯卧姿体长	1982	2115	2253	1872	1982	2101
俯卧姿体高	351	374	404	351	362	379
爬姿体长	1161	1233	1308	1117	1164	1215
爬姿体高	765	813	864	720	753	789

在对产品和空间进行设计时，其尺寸的设定应让人保持舒适而有效的操作姿势，其来源即为人体动态测量数据。人因工程学所采用的人体动态测量数据是指人在活动状态下测取的人肢体的各种活动范围。人体各部分活动范围的测量，通常以人体躯干不活动作为原则，如允许人体躯干活动，则肢体活动的可及范围要宽得多。在设计中，为了保证系统的高效率，一般要求各种操纵器都处在人体躯干不活动时手足所能及的范围之内。此外，为保证操作者的舒适性，应确保人的操作活动处于人体各部位活动舒适姿势的调节范围内。因此，在有关的人因工程学设计标准中，又规定了人体各部位舒适姿势的调节范围，相关数据见表4-4。

表4-4 重要活动范围和身体各部位舒适姿势的调节范围 单位：°

身体部位	关节	活动	最大角度	最大范围	舒适调节范围
头至躯干	头部转动关节	低头、仰头	+40，−30	75	+12~+25
		左歪、右歪	+55，−55	110	0
		左转、右转	+55，−55	110	0
躯干	胸关节 腰关节	前弯、后弯	+100，−55	150	0
		左弯、右弯	+50，−50	100	0
		左转、右转	+50，−50	100	0
大腿至髓关节	髋关节	前弯、后弯	+120，−15	130	0
		外拐、内拐	+30，−15	45	0
小腿对大腿	膝关节	前摆、后摆	+0，−135	135	0
脚至小腿	脚尖关节	上摆、下摆	+110，+55	55	+85~+95
脚至躯干	髓关节	外转、内转	+110，−70	180	+0~+15
上臂至躯干	肩关节	外摆、内摆	+180，−30	210	0
		上摆、下摆	+180，−45	225	0
		前摆、后摆	+140，−40	180	+40~+90
坐姿肘高	201	215	223	251	277
坐姿大腿厚	107	113	117	130	146
下臂至上臂	肘关节	弯曲、伸展	+150，0	145	+85~+110
手至下臂	手腕关节	外摆、内摆	+30，−20	50	0
		弯曲、伸展	+75，−60	135	0
手至躯干	肩关节、下臂	左转、右转	+130，−120	250	−30~−60

在考虑一个产品的设计方案之初，就必须明确该产品应适用于什么样的用户群。某些批量生产的工业产品，虽然可以严格按照目标用户的身体尺寸的分布进行设计，使产品自身尺寸和使用体验最符合用户的实际需要，但是从经济上看成本较高，所以必须符合两个条件：较低的生产成本以及严格的尺寸要求。举例而言，人对于鞋子的尺寸要求相对严格，且制造批量大成本较低，因此可以遵循这个原则。但是很多工业产品从制造成本和对尺寸偏差的容许范围而言，则有不同的应用方法。以下为三种常见的情况：

第一种，按特定百分比划定设计范围。当被限制于某个尺寸范围的产品会给身材属于尺寸表两侧的人都带来不便时，按双侧百分比来划定设计，将尺寸表两侧的两个人体尺寸百分位数作为尺寸上限值和下限值的依据。GB/T 12985—1991中将需要两侧百分数划定范围的产品命名为Ⅰ类产品，又被称为双限值设计。设计Ⅰ类产品尺寸时，对于涉及人的健康、安全的产品，应选用P_{95}和P_{5}作为尺寸上、下限值的依据，这时满足度为90%。例如，办公桌椅的高度可以考虑仅仅满足尺寸表中绝大部分人的要求（如90%），此时根据双侧百分点算最高的5%和最矮的5%就被排除在设计范围之外，如果小部分用户的身材较为极端，则需考虑采购符合自己身材的定制桌椅。

当被限制于某个尺寸范围的产品只会给身材属于尺寸表其中一侧的人带来不利时，可按单侧百分比来设计。将尺寸表某一侧的人体尺寸百分位数作为尺寸上限值或下限值的依据。GB/T 12985—1991中将仅需要单侧百分数的产品命名为Ⅱ类产品，又被称为单限值设计。其中，只需要一个人体尺寸百分位数作为尺寸上限值的依据，称为ⅡA类产品尺寸设计或大尺寸设计；只需要一个人体尺寸百分位数作为尺寸下限值的依据，称为ⅡB类产品尺寸设计或小尺寸设计。当设计ⅡA类产品尺寸时，对于涉及人的健康、安全的产品，应选用P_{99}或P_{95}作为尺寸上限值的依据，此时满足度为99%或95%，而对于一般工业产品选用P_{90}作为尺寸上限值的依据，此时满足度为90%；与之同理，当设计ⅡB型产品尺寸时，对于涉及人的健康、安全的产品，应选用P_{1}或P_{5}作为尺寸下限值的依据，此时满足度为99%或95%，而对于一般工业产品选用P_{10}作为尺寸下限值的依据，此时满足度为90%。例如，在进行汽车车身设计时，较大的车内空间对于身材瘦小的乘客并无影响，但空间尺寸过小则会对身材高大的人带来影响，因此其设计可考虑单侧百分比（如95%），如此一来，95%的人坐在车内时不会感到压迫、不适，只有5%较魁梧的人为了舒适感需要专门选择较大尺寸的汽车（图4-7）；反之，设计公共设施的防护用栅栏时，为了防止人的手臂穿过栅栏进入危险区，其间距尺寸可设计为单侧百分比（如1%），如此一来对99%的人都可以形成有效保护。

图4-7 车内空间一直是中国人选购汽车时最看重的指标之一

第二种，参考用户的平均尺寸设计。当产品的尺寸设置不会给不同体格的用户带来明显不便时，只需要用第50百分位数（P_{50}）作为产品尺寸设计的依据。GB/T 12985—1991中将仅需要平均值作为参考标准的产品命名为Ⅲ类产品，又被称为平均尺寸设计。另外，在设计尺寸可调的产品时，其最初状态也可参考人的平均尺寸进行设定。例如，办公桌操作台面的尺寸可适度采用通用的原则，参考用户的平均尺寸进行设计，而可调节办公椅最初状态的高度也可按平均尺寸来设定（图4-8）。

图4-8　可调节办公椅

第三种，按某部分人的尺寸进行设计，为另一部分人提供调整。当产品尺寸对某类属性极端的人的不利影响可以通过调整来消除，而对另一部分人的不利影响无法消除时，可以按后一类人的尺寸进行设计并为前一类人提供可调整的选项。例如，汽车座椅应按照成年人的尺寸设计，并通过安全带的调整及汽车儿童安全座椅（图4-9）的使用让儿童也可以安全乘坐，但是如果一开始就把汽车座椅按照儿童的尺寸设定，成年人则根本无法使用。

除了以上这些应用方式，在某些特殊情况下还可以选择定制，或者选择让尺寸向功能妥协。例如，虽然汽车的内部空间设计尽量要让内部空间尺寸服从于用户的身体尺寸，但是坦克的内部空间设计则需要考虑其他因素，苏联在设计坦克时倾向于采用低矮的造型，通过减少其正面投影面积来降低中弹率（图4-10），因此苏联在筛选坦克兵时曾经尽量选择身材低矮的士兵，使其能够在窄小低矮的坦克乘员舱内进行操作。因为在战争的极端环境中，提升作战效能和保全士兵生命是最优先指标，相比之下舒适、美观等因素并不那么重要，在和优先指标难以两全时必须进行妥协。

图4-9　汽车儿童安全座椅

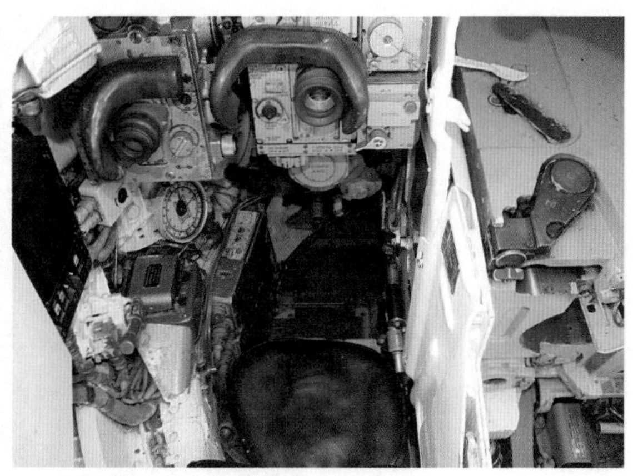

图4-10　俄罗斯T-80主战坦克内部空间非常局促

4.2.3　运动系统

运动系统是人体完成各种动作和从事生产劳动的器官系统（图4-11），由骨、关节和肌肉组成。骨通过关节连接构成骨骼，肌肉附着于骨并跨过关节。肌肉的收缩与舒张通过关节的活动实现各种运动。所以在运动过程中，骨是运动的杠杆，关节是运动的枢纽，肌肉是运动的动力。

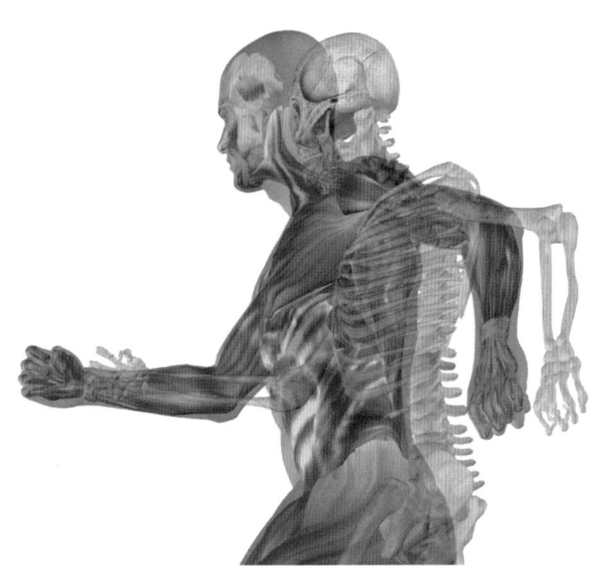

图4-11　人的运动系统

骨是体内坚硬而有生命的器官，主要由骨组织构成。人体骨骼的总数约206块，其中177块直接参与人体运动。人体骨骼分为两大类：中轴骨和四肢骨。中轴骨包括颅骨、椎骨、肋骨和胸骨，四肢骨分为上肢骨和下肢骨。骨与骨之间的连接方式分为直接连接和间接连接两大类。间接连接的骨称为关节，以相对骨面间具有间隙为特征，人体运动主要是骨绕关节的运动而实现的。关节分为单轴关节、双轴关节和多轴关节；关节的运动形式分为角度运动、旋转运动和环转运动。肌肉分为骨骼肌、平滑肌和心肌，其中与身体运动相关的均为骨骼肌。

在人的运动系统中，肌肉是运动的基础，但是必须借助骨杠杆，其中关节是支点，肌肉是动力源。其中肌肉约占人身体总重量的40%，由不同长度的肌肉纤维组成，一块肌肉包含10万到100万这样的纤维，纤维的终端组成一块肌肉筋。长肌肉纤维有时成串地连接在一起，在每个肌肉的终端，肌肉筋连接在一起形成肌肉键，肌肉键紧贴在骨骼上。每个肌肉纤维收缩时都有一定的力量，肌力是肌纤维收缩力之和，用于驱动人体各种动作和维持人体各种姿势，因此一个人的潜在力量首先取决于他的肌肉的截面面积。

在肌肉的收缩过程中，机械能由消耗肌肉中贮存的化学能转化来，而肌肉内的大部分能源来自三磷酸腺苷等高能磷化物转换为低能状态时所释放的能量。为了维持肌肉贮存的能量，人体还需要从葡萄糖、蛋白质和脂肪中获得能量，以供肌肉内的低能磷化物不断地转换回高能状态。葡萄糖随着血液循环进入肌肉细胞后被转化成外消旋酸，在这一过程中如果氧气充足，外消旋酸将被分解，产生水和二氧化碳并释放足够的能量以组成高能磷化物，反之将被转换成乳酸并产生肌肉疲劳和酸疼，释放出的能量也较低。

肌肉的负荷可以分为动负荷和静负荷。动负荷的特点是肌肉在收缩、伸展的状态之间交替变换，如划船、骑车等；静负荷的特点是肌肉长期处于收缩状态，如提起一袋重物保持静止。在动负荷中，肌肉的动作就像是血液循环系统的水泵般增大血液流入、流出肌肉细胞的量，因此不仅可以保持充分的葡萄糖和养分，还可以及时带走代谢废物；而在静负荷中，血管被肌肉组织内部压力所压迫，肌肉从血液中得不到足够的糖和氧，且乳酸等代谢废物不易排出，逐渐累积而加重肌肉疲劳和酸疼（图4–12）。

图4–12　电动筋膜枪利用振动缓解肌肉酸痛

在日常生活或工作时的很多动作中，动、静负荷可能同时存在，由于静负荷会造成更高的能量消耗，对人体循环造成更重的负担，并造成更重的疲劳感需要更久的恢复时间，故应更加重视在持续用力的情况中静负荷对人体造成的影响。静负荷与基于肌肉紧张的血液阻力呈正相关，因此在产品设计中，通过对造型和空间的改进以促进骨、关节和肌肉的协调分工，减少人体某一部分肌肉的持续收缩，将有助于提高劳动效率、减少疲劳感或降低一部分职业性劳损的发作率。例如，考虑人机工学的键盘和鼠标通过对手部姿势的修正，可缓解相关肌肉的紧张以减少腕部的疲劳感（图4–13）。

图4–13　微软的Sculpt系列人机工学计算机配件

从能量的角度出发，如果把人的工作效率定义为产生的有用功与功所实际消耗的能量之比，人体进行体力劳动时把化学能的绝大部分能量转换成热能而浪费掉，只有剩余少部分才能转化成机械能，理想条件下其效率约为30%。在这30%中，静负荷也将浪费一部分机械能，因此当尽可能多的机械能被转为有用的功时才能达到最大的效率。机械能被用来支持静负荷的成分越大，完成相同劳动所消耗的化学能及与之相应的疲劳感和所需的恢复时间越长，换言之劳动效率就越低。为提高劳动效率，外骨骼类产品近年来在重体力劳动领域逐渐得到应用（图4–14）。

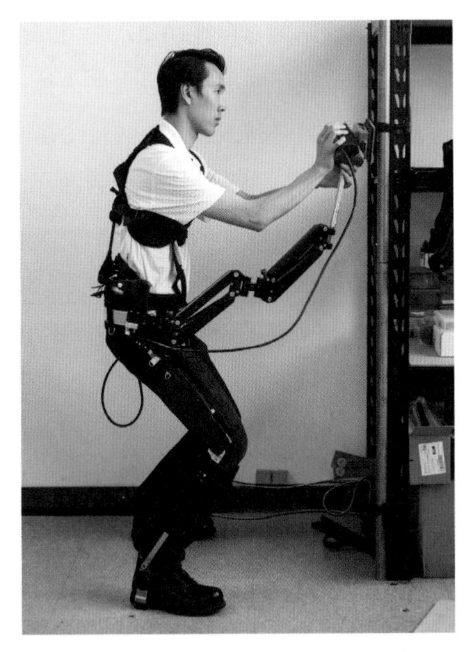

图4–14　外骨骼可减少体力劳动者的负荷

4.2.4　劳动强度与疲劳感

重体力劳动的特点是能量消耗高、心脏和呼吸系统的负荷大，对人的身心健康有危害，因此应该尽量减少或减轻重体力劳动。人的能量消耗和血液循环能力决定着体力劳动的极限，因此这两项指标常被用于评估体力劳动的强度。劳动强度是指作业者在作业过程中的体力消耗及紧张程度，即劳动量（肌肉能量和神经能量）的支出和劳动时间的比率。劳动强度是用来计量单位时间劳动消耗的一个指标。劳动强度不同，单位时间人体所消耗的能量也不同。通常是单位时间内劳动量消耗越多，劳动强度越大。

劳动强度以作业过程中人体的耗氧量、心率、直肠温度、出汗率、乳酸浓度和相对代谢率等指标来分级。相较于最高强度的脑力劳动的能量消耗不超过基础代谢的10%而言，高强度的体力劳动的能量代谢却可达基础代谢的10 ~ 25倍，所以用能量消耗或相对代谢率来划分劳动强度，只适用于以体力劳动为主的作业。

我国根据超过200个工种的工人劳动时的能量代谢和疲劳感等指标，于1983年制定了按劳动强度指数来划分体力劳动强度等级的国家标准，并于1997年予以修订。现行标准为《体力劳动强度分级》（GB 3869—1997），该标准基本上能较全面地反映出作业时人体生理负荷的大小。其计算方法为：

$$I = T \cdot M \cdot S \cdot W \cdot 10$$

式中：I为体力劳动强度指数；T为劳动时间率；M为8小时工作日平均能量代谢率（主要通过肺部通气量和劳动时间来计算）；S为性别指数（男性=1，女性=1.3）；W为体力劳动方式系数（搬=1，扛=0.40，推/拉=0.05）；10为计算常数。

从中不仅反映出劳动强度和人体循环系统及劳动时间的重要关系，也可以看出不同静负荷的体力劳动方式造成的劳动强度也大不相同。

高强度的体力劳动和脑力劳动都会产生疲劳，疲劳的发生机理主要包括：代谢废物质累积机理（乳酸在肌肉和血液中大量积累）、力源耗竭机理（肌糖原贮备耗竭）、中枢变化（大脑皮层细胞贮存的能源迅速消耗并产生保护性抑制）、生化变化（体内平衡紊乱）、局部血液阻断（肌肉截面积膨胀阻断血液流通）。同时，疲劳虽然可以恢复，但如未消除则会积累，且年纪较大的人或者在生理周期中机能下降时更容易产生疲劳。

为了减少疲劳，采用先进机器设备可以降低劳动强度、改变工作方法或改善工作环境，补充营养和氧气的摄入及增加休息时间，此外，应考虑人的性别、年龄、体质及劳动经验。不仅是在有形的工作环境可以通过设置休闲空间、合理安排工作时间或改善室内环境的方式帮助放松，无形的计算机软件、手机App或网络平台也可以通过功能的设置提醒用户休息。因此在设计流程中，要根据实际情况对目标用户提出具有针对性的设计方案（图4-15）。

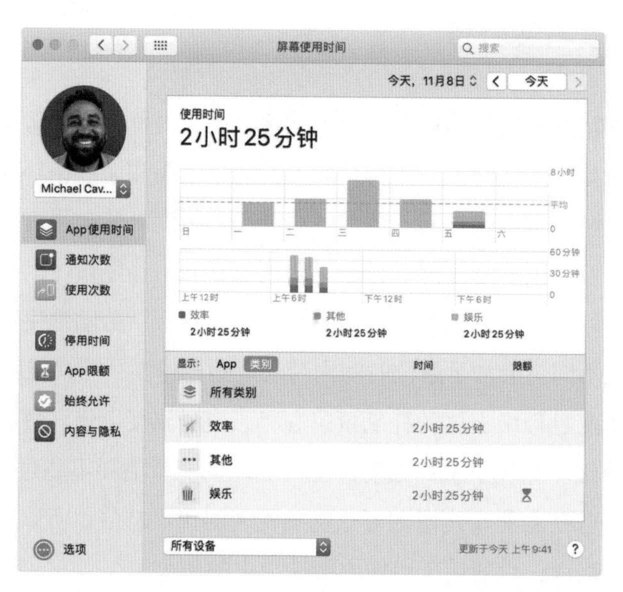

图4-15　macOS Catalina（macOS 10.15）操作系统中加入的屏幕使用时间管理功能

驾驶员在长时间驾驶后可能会面临一系列严峻的身体和心理挑战。持续的注意力集中和反应让他们的大脑处于高度紧张状态，逐渐导致疲劳和注意力分散。这种疲劳状态会引发瞌睡、反应迟钝以及视线模糊等不良症状，这种情况下驾驶员的驾驶能力不仅会下降，还可能出现决策失误和判断错误，进而增加交通事故的风险。合理的汽车仪表盘设计可以减缓驾驶员的视觉疲劳，确保驾驶员能够方便、准确地获取关键信息，同时保持对道路的集中注意力的重要环节。在汽车仪表盘的设计中，仪表盘上只应呈现关键性的信息，而次要信息可以通过其他手段提供，如多功能显示屏或语音提示。信息的呈现应该精简而有序，避免过多或过少的信息堆积。太多的信息会让驾驶员感到不知所措，分散其注意力，增加操作失误的风险；而信息过少则可能导致驾驶员对车辆状态和路况的了解不全面，造成安全隐患。汽车仪表盘的设计需要充分考虑用户的视觉习惯和认知能力，避免信息过载和混淆，优化图标和颜色使用，简化布局，减少用户在使用过程中产生的疲劳，提高人机交互界面的效果，提升用户的驾驶体验和安全性（图4–16）。

图4–16 近年推出的新能源车大多重视车机系统的设计

4.2.5 作业姿势

把握作业姿势的特性有助于妥善处理人机关系，决定作业姿势的要点是采取不易疲劳、有助于保持高效的姿势，因此必须了解姿势和人体机能的关系。其中最重要的是作业姿势与视觉、肢体、人体重心以及血液循环之间的关系。

考虑到视觉在人体知觉中的重要地位，在对作业过程进行基于人因工程学的规划时，需要重点规划最容易看见东西时的眼睛高度和离眼睛的距离，因为在必须降低眼睛高度的情况下就要形成蹲下、前屈或侧屈的姿势，反之则需要采取足尖踮起的姿势，保持或反复这样的姿势是引起过早疲劳和降低能力的原因。

仅次于视觉的是作业姿态和手、手指、上肢、下肢、上半身之间的运动关系，此外在操作一些大型工具的时候，可能需要整个上肢的运动，在搬运工作中下肢的运动则成为活动中心。为了使身体各部位的运动自由地进行，必须考虑这些运动的中心点在哪里。例如，在手指作业时肘关节是其中心，在上肢运动时肩关节是其中心，在下肢运动时股关节和膝关节是其中心，上半身运动时股关节则成为中心。因此，对于作业点的位置，即作业姿势的决定方面，考虑它们的中心点高度和运动部分的可动范围是极为重要的。

对于全身参与的作业而言，作业姿势同身体重心的关系非常重要，当双手持重物上举时上半身会自然后倾，这是因为重物而使重心位置前移，为防止身体的平衡遭到破坏而做出的适应，推车或拉车时身体的倾斜程度与车子的重量成比例。因此，身体的重心位置与作业姿势有关，为了保持平衡稳定的姿势，不能忽视重心问题。

此外，作业姿态还和血液循环有关，如长时间站立后下肢会出现浮肿，或长时间蹲坐后则有可能产生麻痹，这是因为在远离心脏部位的身体上部或下部的地方，由于重力缘故血液流动往往会变慢，手部操作点过高的姿势或妨碍血液循环的姿势会影响血液循环，因此诸如蹲下或低头前屈，并长期维持此类姿势进行作业的情况必须尽可能加以避免。

工作时采用正确的体位可以减少静态疲劳，有利于身体健康和提高工作质量和劳动生产率，因此设计者在考虑产品造型和工作空间尺寸时，应尽早确定操作者的姿势，这些与操作空间的大小、用力方向、工作台面高度、照明条件等均可能具有密切关系。立姿操作的缺点是不易进行精确而细致的工作，不易转换操纵，肌肉要做更多的功以维持体重，故更易疲劳，站立时全身负担较重，因此长期站立后易引起下肢静脉曲张。坐姿操作的缺点是作业过程中不易改变体位，施力受到限制，工作范围有局限性，长期久坐作业易引起脊柱弯曲等职业损伤。针对前述缺点，应通过设计和规划合适的方式予以缓解。

4.3 用户的心理特性

关于用户心理特性的相关知识，本节着重介绍人的感官系统和信息处理能力等内容。

4.3.1 感官系统

感觉器官简称感官，是由感受器及其附属结构共同构成的器官。感官系统是指人体内部专门感受机体内外刺激和变化的各种感觉器官所组成的系统。人对客观事物的认识是从感觉开始的，感觉作为最简单的认识形式，在同一时间段内可以反映多种属性，但各种属性之间并无严格的组织形式与界限。

感觉可以分为两大类：第一类是外部感觉，包括视觉、听觉、嗅觉、味觉和皮肤感觉五种，反映外界事物个别属性的感觉，其共同特征是感受器位于人体表面，或接近身体表面的地方；第二类是内部感觉，包括运动觉、平衡觉和机体觉，反映人体各部分的运动或内部器官的变化，其共同特征是感觉器位于各有关组织的深处（如肌肉）或内部器官的表面。在外部感觉中，味觉和皮肤感觉的感受器被称为接触性感受器，外界事物只有和这两种感受器直接接触才能引起感觉；视觉、听觉和嗅觉的感受器称为远距离感受器，外界事物在一定距离外通过媒介的作用引起感觉。与设计关系最为紧密的是视觉、听觉和皮肤感觉，本节将集中介绍这三种感觉。

视觉器官的外周感受器是眼睛，人的眼睛的外形接近于球形，所以也常被称为眼球，具有完善的光学系统及各种使眼睛转动并调节光学装置的肌肉组织（图4-17）。眼球被一层被称为眼球壁的组织包围，眼球壁由巩膜、脉络膜和网膜组成，起到巩固、滋养眼球及透光、调节进光量的作用。脉络膜最前面的虹膜后是晶状体，晶状体透明而有弹性，透过边缘处睫状肌的收缩和放松可以控制晶状体的曲度，晶状体后面为玻璃体。眼球壁的第三层为视网膜，其中央分布有1.3×10^{8}个杆细胞（对弱光有高度感受性）和约7×10^{6}个锥细胞（在强光下产生色觉及辨别细节）。视网膜中央的黄斑部位和中央凹附近几乎只有锥细胞；黄斑以外的杆细胞数量增多，反之锥细胞减少。光线经过角膜进入眼球，经过虹膜，虹膜中央的瞳孔随着光线的强度而改变大小、调节进光量，然后光线通过晶状体和玻璃体而到达视网膜，光刺激在视网膜上经神经处理产生的神经冲动，经由视觉神经投射到大脑皮层进行处理并最终形成视觉。与视觉相关的三个指标分别是敏度、视野和视觉适应。

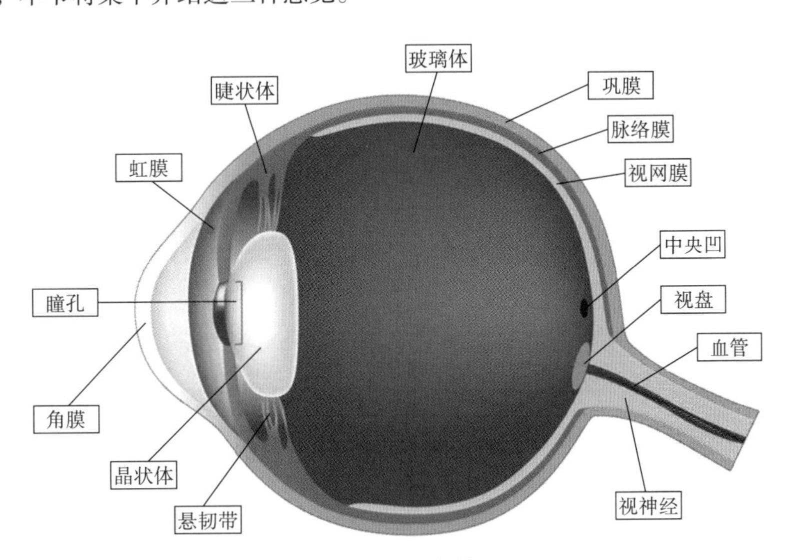

图4-17　眼球结构

听觉器官的外周感受器是耳朵，分为外耳、中耳与内耳（图4-18）。外耳和中耳是声波的传导器官，内耳有感受声音和位觉的感受器。外耳由耳郭和外耳道组成，主要起

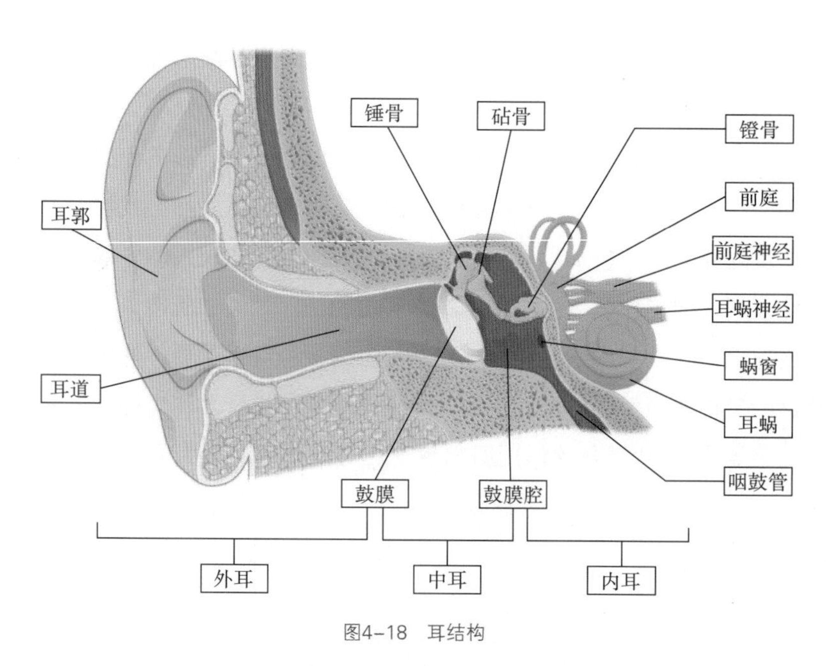

图4-18 耳结构

集声和传声作用；中耳主要是由鼓膜和听小骨组成，鼓膜为半透明的薄膜，呈凹面向外的浅漏斗状，经过外耳道传来的声波引起鼓膜的振动，并经由其后鼓室内的锤骨、砧骨和镫骨这三种听小骨所组成听骨链的传导，将声波的振动转换为机械能传入内耳；内耳包括前庭、半规管和耳蜗三部分，由结构复杂的弯曲管道组成，从中耳听骨链传来的振动引起耳蜗中淋巴液及其底膜的振动，使基底膜表面的柯蒂氏器中的毛细胞产生兴奋，听神经纤维分布在毛细胞下方的基底膜中，机械能形式的声波就在此处转变为听神经纤维上的神经冲动，并以神经冲动的不同频率和组合形式对声音信息进行编码，然后被传送到大脑皮层听觉中枢从而产生听觉。此外，内耳的前庭和半规管是位觉感受器的所在处，前庭可以感受头部位置的变化和直线运动时速度的变化，半规管可以感受头部的旋转变速运动，这些感受到的刺激反映到中枢以后，就引起一系列反射来维持身体的平衡。

皮肤感受器广泛分布于全身的皮肤和皮下组织中，以游离神经末梢为主，并包括环层小体、麦斯纳小体、鲁菲尼小体和梅克尔触盘等（图4-19）。皮肤感觉是指由皮肤感受器所产生的各种感觉，这其实是一个笼统的称呼，皮肤上能分辨出来的感觉

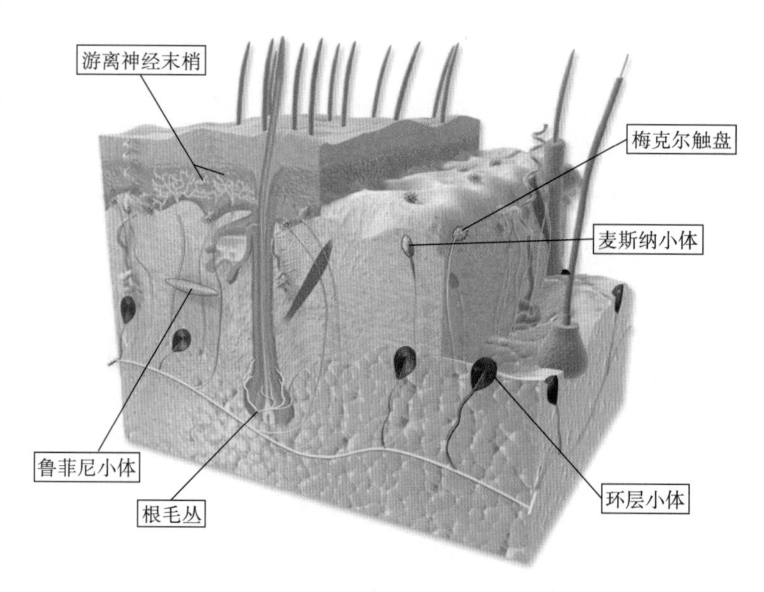

图4-19 皮肤感受器结构

包括触觉、压觉、振动觉、温觉、冷觉和痛觉。刺激作用于皮肤，未引起皮肤变形时产生的是触觉，引起皮肤变形时便产生压觉。此外，皮肤还能感知空气的温度和湿度的大小、分布及流动情况，感知室内空间、家具、设备等各个界面给人体的刺激程度，感知振动大小、冷暖程度、质感强度，以及物体的形状和大小等，以上刺激被皮肤感受器收集并转换为神经信号，通过神经系统传送到大脑感觉皮层，从而产生皮肤感觉。

4.3.2 信息处理能力

人的信息处理的第一个阶段是感觉，人通过感官系统获得关于周围环境的各种信息，在刺激物的作用下感受器的神经末梢发生兴奋，兴奋沿神经通道传送到大脑皮层特定区域产生感觉。感觉器官可接受外界刺激的范围被称为感觉阈限。感觉阈限分为绝对阈限和相对阈限。外界刺激必须达到一定强度才能引起人的感觉，能引起感觉的最小刺激量称为绝对感觉阈限的下限；而能产生正常感觉的最大刺激量，称为绝对感觉阈限的上限，刺激强度若超过这个上限就会引起痛觉甚至造成感觉器官的损伤。人借助感觉器官不仅能够确定刺激的有无，而且能觉察刺激的变化或差别。刚刚能引起差别感觉的刺激之间的最小差别量叫差别感觉阈限。

信息处理的第二个阶段是把感受到的外界刺激与贮存于大脑中的固有信息（如记忆）进行比较，使它成为人的信息中心能够识别的形式，心理学把这一阶段的感觉称为知觉。知觉是各种感觉的结合，它来自感觉却又不同于感觉，知觉是个体以其固有经验、知觉对象为基础对感觉所获得的资料做出的主观解释。因此在这一阶段，人对于同一事物的认知会根据主观经验或关注焦点的区别产生变化。

在通过知觉对信息进行比较之后，接下来就进入了人的中枢信息处理阶段，又称为决策阶段。在这个阶段，人对即时收到的信息和记忆中保存的信息进行分析、综合并做出决断。决策是信息处理过程中最复杂、最富有创造性的工作，也是人的信息处理系统的瓶颈。一般认为人的中枢信息处理系统是单通道的，即人在决策阶段中同一时间只能处理一件事。

决策的下一个阶段是反应，即信息处理系统的输出，人的主要信息执行器官有手、脚、口等。一般认为人的反应是多渠道的，即人可以同时做一件以上的反应，如人可以一边演讲一边做出相应的手势，但是如果反应需要中枢处理系统进行反馈控制则变成单通道，这是基于前面所谈及中枢信息处理系统是单通道的理由。

人对于自己所获得的信息还会进行记忆，获得的记忆将在以后作用于人的知觉阶段。记忆分为瞬时记忆、短期记忆和长期记忆。瞬时记忆是最短暂的记忆，保持时间一般以毫秒计，其最初包含的信息分析阶段所能调取的信息更多。人有两个最重要的瞬时记忆，一个是视觉信息存储，另一个是听觉信息存储，两者中信息在听觉存储内可保留的时间比视觉存储更长。短期记忆的时间不超过20秒，其容量也是非常有限的。短期记忆往往是人在即时活动（如各类工作）中所要求的，在人机系统的交互设计中如果过分要求短期记忆，有可能会加重人的心理负荷造成人为差错。长期记忆是保持1分钟以上到几年，甚至更长时间的记忆，如人的知识储备、生活经验等。长期记忆的容量很大，且对人的活动不会增加过多的负担。

由人的信息处理过程可以看出，人们对自己所感知的事物做出反应是一个很复杂的过程，设计需要遵循人的信息处理过程，以减少因信息处理失误造成的误解、混乱或遗忘。在设计中也存在反其道而行之的行为，如图4-20中的Logo同时表现了俱乐部名称及活动内容，设计师恰恰通过模糊认知的界限达到一语双关的效果。

图4-20 斯巴达高尔夫俱乐部的Logo（作者：Richard Fonteneau）

4.4 环境的影响

对于来自外部环境的影响，本节着重介绍热环境、光环境及声环境等环境因素对人的影响。

4.4.1 热环境

热环境条件的四个主要因素包括空气温度、空气湿度、空气流速和热辐射，这四个因素共同对人体产生影响。

空气温度简称气温，是评价工作环境气候条件的主要因素，我国规定气温的单位使用摄氏温标，单位用“℃”表示。特定场所的温度除了大气温度外还受太阳辐射及环境中各种热源的影响，如运行中的机器设备、被加热的原料、采暖或制冷装置等，各类热源通过传导、对流、辐射等方式形成第二热源。

空气湿度简称气湿，指空气中所含的水分，湿度常用相对湿度来表示，指某一温度下空气中实际水蒸气量与饱和水蒸气量之比的百分比。相对湿度在80%以上称为高气湿，低于30%称为低气湿。在一定温度下，相对湿度越小水分蒸发越快，高湿度让人在高温下感到闷热，在低温下感到阴冷。

空气流速又被称为气流，除受风力影响外与环境中热源产生的空气对流也有关系。气流大小直接影响人体的散热速度，因此考虑温度时也需要关注气流的影响。气流速度以米每秒数（m/s）表示。

热辐射来自环境中的红外线和部分可视光线，太阳、开放的火焰、熔炉及融化的金属等热源均能产生大量热辐射。当周围物体表面温度超过人体表面温度时，人体接收来自周围物体表面的热辐射称为正辐射；反之，当人体表面温度较高向周围物体辐射，称为负辐射。

一般认为温度在（21±3）℃是较为舒适的温度，但应结合劳动条件、人本身的体质、习惯和衣着，以及当前季节等条件综合考虑。相对湿度一般在40%~60%的范围较为舒适，舒适的气流则根据温度和湿度的变化有所增减，在0.2~0.5m/s不等。不适当的热环境可能对人的循环系统、神经系统和消化系统造成过负担，并影响体力劳动和脑力劳动的效率。对于准备着手设计的工作空间应充分考虑形成较为舒适的热环境，对于热环境不适的现有工作空间应加以改造，对于热环境较差且无法改造的工作空间，则应考虑对工作人员采取适当的防护措施或缩短工作时间等方式减小影响。

4.4.2　光环境

光环境分为两种，利用自然界天然光源形成光环境的称为天然采光，简称采光；利用人工制造的光源构成光环境的称为人工照明，简称照明。光环境的设计需要考虑合理的照度、合理的方向和扩散、合理的光色，以及合理的照明成本。

照明常用的计量单位有照度和亮度，照度指被照单位面积上所接受的光通量，这个光可以来自太阳也可以来自人造光源，照度的测量单位是勒克斯（Lx）；亮度是物体表面单位面积向视线方向发出光或反射光强度，亮度也可以用于测量物体表面的反射光，亮度的测量单位为坎德拉每平方米（cd/m^2）。

环境中的光源分为直接光与间接光，直接光容易产生明显的背影且明暗对比太强时可能会产生眩光，通常亮度较暗或距离较远时适合采用直接光；间接光来自环境对光源产生的漫反射，较为分散，因此没有阴影；目前广泛采用的方法是把直接光与间接光相结合，即将全面照明和局部照明以合适的比例（多为1：5）组合起来的综合照明。对于光环境的设计不仅要满足视觉工作的需要，往往还需要考虑人的舒适性与环境的美观性，针对工作空间和生活空间的光环境设计也有不同的取向（图4–21）。

图4–21　工作环境的光照可能影响工作效率（来源：Sergey Makhno）

4.4.3　声环境

噪声是指人不需要或在环境中起干扰作用的声音，噪声的定义具有模糊性，因为是否需要因人而异，同样一种声音对于有需要的人而言可能是必需的，但是可能被没有需要的人认为是噪声。噪声可能对人造成生理性损伤，如引起听力疲劳、暂时性的听力下降，甚至是持久性听力损失乃至耳聋。

噪声虽然被认为是一种负面因素，经常对人的表现产生负面影响，如噪声可能分散人的注意力、影响工作质量和效率，但在某些情况下反而能改善人的表现。例如，在枯燥的作业中，或其他干扰较多时噪声反而能吸引人的注意力进而改善脑力活动，另外在进行不需要集中精力的工作时人也可能对中等程度的噪声产生适应性。虽然对于噪声的认定存在主观性，而且关于噪声的部分研究存在矛盾，但多数情况下噪声确实会对人的生理和心理造成一系列负面影响。在建筑设计、交通工具设计及机械设备设计中，对于噪声的控制是必要的。例如，虽然日本品牌的轿车以出色的品控、良好的燃油经济性和较为可靠的安全性为人所称道，但是一部分日本品牌的中低端车型其噪声控制相较于同档次的竞品有所不足，这方面经常被用户诟病（图4–22）。

图4-22 MAZDA 6/Atenza 的操控品质为人所称道，但是噪声控制水平常受到诟病

4.5 人因工程学在用户中心设计中的应用

人因工程学的相关知识往往应用于用户中心设计流程中的“规定用户与组织要求”与“根据要求评价设计”阶段。尽管用户的年龄、职业、境遇和情感千差万别，但是基于人体特性的一些原则性规范离不开生理学、心理学、人体测量学、生物力学的支持，这些领域正是人因工程学的研究重点。产品适用方式的便利性、软件交互界面的有效性乃至生活与工作环境的舒适性，都建立在用户中心设计团队对于用户的生理、心理特性及环境对其影响加以把握的基础上。

例如，随着电视的多功能化和传播内容的多样化，遥控器的操作界面日益复杂起来，部分多功能电视的遥控器上按键甚至已经超过80个，加上冠以各种命名方式的新功能，导致遥控器的操作方式变得愈加繁复，交互方式非常不友好。我国通过加装机顶盒来解决相关问题，但并非所有国家都有资源进行电视网络系统的整体性更新。LG在日本、美国等国家以及中国香港地区推出电视时，配合新设计的遥控器来改善人机交互方式。该款遥控器的接入方式较为直观、方便，可以定制应用程序、视频、浏览网络功能并继承在同一个界面里。与传统遥控器不同的是，LG并没有通过大量的按键来一一对应每一个功能，而是仅通过总数不超过10个的按钮并且配合滚轮，如同操作鼠标那样操作遥控器控制电视端的UI，此外还添加了手势和语音控制。整体设计强调易于握持的外形、简单易懂的按键界面、功能丰富且集中的电视端UI及用于辅助的操作方式，极大地改变了传统遥控器。该款设计一经问世就广受市场好评，并且获得了2012年的红点设计大奖和国际通用设计大奖（图4-23）。

图4-23　LG的Magic Remote因其在人因工程学方面的优良表现获得广泛赞誉

作为反例，前几年电子消费行业对于虚拟现实（Virtual Reality，VR）的关注度迅速上升，各大企业推出了多型VR产品。VR技术集计算机、电子信息、仿真技术于一体，通过计算机模拟虚拟环境给人以环境沉浸感，在娱乐、设计、教育等领域都得到了不同程度的应用。但是仅看VR技术在个人消费领域的应用现状，远未达到当初电子消费行业对消费前景的期待。高昂的价格和有限的素材固然在市场层面制约了VR产品的发展，但是仅从人因工程学上看，VR依然存在着暂时无法克服的缺陷。例如，部分用户使用VR产品时会产生眩晕、呕吐等不适，另外，因为技术限制部分设备的清晰度不足或刷新率不足，据研究显示14k像素以上的分辨率才能基本使大脑认同，但当前的市场尚无法从视觉上满足用户需求，使用中的不适和违和会使用户产生VR技术是否会损害健康的担忧，进一步制约了VR产品的发展。因为相当一部分VR产品没能在人因工程学方面充分满足用户的实际需要，其全面普及至今依然存在较多限制（图4-24）。

图4-24　VR技术在人因工程学层面的缺陷限制了其发展

在“规定用户与组织要求”阶段，用户中心设计团队中的用户研究专家应该在充分活用人因工程学研究所得到的各种设计经验的基础上，参考目标用户的年龄、性别、体型、健康状态等生理特性，与对产品的感知和信息处理等心理特性、配合基于消费心理学得到的结论形成需求文档，作为对下一步“提出设计方案”阶段的约束性规范。而在“根据要求评价设计”阶段，对于产品测评专家通过测试得到的与人因工程学相关的反馈，给出对现存问题点的解释和改进方案的建议。

与消费心理学主要应用于用户中心设计前期的市场分析和需求分析不同，人因工程学更强调将用户的生理结构、心理感知的相关知识用于规划设计策略、细化设计方案，并作为设计评价的参考理论。

思考题

1.设计电脑桌椅时为了确保用户的舒适性，你认为设计师需要考虑哪些生理因素？

2.在橱柜和卫浴产品的设计中，你能想到有哪些人体尺寸需要被设计师所重视？

3.举例说明人的视觉、听觉、皮肤感觉在对产品进行认知时发挥的作用。

4. 在同一张纸上画两个圆形（A和B），其中圆形A遮盖住了B的一部分，我们会下意识地认为A在B之前，这是信息处理过程中的哪一步在产生作用？

5. 为了改善家中的环境因素，你知道市面上有哪些产品可以发挥相应的作用？试举出3个实例并说明其具体功效。

第5章 用户体验设计

课题内容： 介绍用户体验设计的相关知识。

课题时间： 6课时

教学目的： 帮助学生掌握用户中心设计的重要相关内容——用户体验设计。

教学方式： 课堂讲解理论知识

教学要求： 1.对用户体验设计的知识点进行体系化介绍。

2.详细讲解用户体验设计的实践方法。

5.1 用户体验对设计的重要性

在设计学的众多分支中，用户体验设计是一个比较新的发展方向。用户体验是指用户在使用产品过程中产生的主观感受，国际标准ISO 9241—210：2010将用户体验定义为“人们对于正在使用或期望使用的产品、系统或者服务的认知印象和回应”。

用户体验作为一个概念在2000年后被导入交互设计领域，最初强调在人机交互过程中对用户感受的重视，随着近年来互联网产业的蓬勃发展，用户体验一词和智能手机端的交互设计产生越来越多的关联，不少互联网公司也出现了“用户体验设计师”的职位，常见业务范围包括用户研究、图形用户界面（Graphical User Interface，GUI）设计、交互方式设计及参与互联网产品全周期的开发。

用户体验是个非常广泛的范围，针对其内容加瑞特（Jesse James Garrett）提出用户体验要素的五层模型，该模型由战略层、范围层、结构层、框架层和表现层，按照由抽象到具体的顺序组成思维与设计层面。以智能手机App的交互设计为例，底层的战略层是用户体验设计的根基，这一层中设计师主要在宏观层面思考该App的总体定位，如规划产品方向和明确用户需求；在此之上的范围层内，设计师需要考虑App的功能规格以及相关内容，即定义关于功能和内容的具体需求，并制作全面而具体的功能规格说明；在明确了战略层和范围层后，设计师对于App应实现的目标和具备的特性已经了然于胸，在此基础上进入相对具体的结构层，针对交互设计和信息架构进行思考如何将内容向用户表现、如何让用户实现功能；再往上进入框架层后，设计师将面对更加具体的界面设计、导航设计和信息设计等板块，通过诸如线框图等方式输出关于App的设计；最上层的表现层中往往是用户首先接触到的元素，设计师将在这一层完成App的UI中最具体的视觉设计。

用户体验设计作为在项目开发中重视用户体验的设计理念，近年来其设计对象已经超越GUI等有形对象向无形对象扩展，如服务流程中的诸多要素等，因此把握用户体验对于多个领域的设计具有指导意义。

5.2 用户体验设计的领域与对象

用户体验设计的核心是研究目标用户在特定场景下的思维方式和行为模式，通过设计提供产品或服务的具体流程和方式去影响用户的主观体验。这一理念诞生于交互设计，现在拓展到工业产品，也与无形的服务设计产生了诸多联系。

5.2.1 交互设计

交互设计指设计与人造系统的行为方式及与之相关的信息和操作界面，其根本目的是通过设计让人机交流从人的视角来看更加高效、便捷。交互设计要求设计师从“可用性”和“用户体验”两个层面去完善两个或多个互动的个体之间交流的内容和结构，使之互相配合，以达成某种目的。

交互设计起源于网页和平面设计，但随着科技的进步其设计领域已经超越文字和图片，还延伸到了计算机程序、智能手机App、实体产品、虚拟现实和增强现实（Augmented Reality，AR）中的虚拟图像等，今天的交互设计成为一个独立的设计领域，设计师不仅要对显示屏幕中的视觉元素负责，还要经由视觉、听觉和触觉传达的多种感知元素，以及用户与这些元素之间的互动方式和互动体验负责。银行自动取款机（Automatic Teller Machine，ATM）是一个典型的交互设计对象，其内容不仅包括ATM屏幕中的操作界面，还包括ATM的实体界面，其中包括屏幕、实体按键、入钞口、出钞口、紧急联络电话、单据出口、反光镜，部分ATM机还包括存折出入口、IC卡感应器、杯架、伞（或手杖）架和宣传册、信封等纸质用品的架子，此外ATM上贴附的说明用贴纸、周围的附属标识也可以被认为属于交互元素，如果是以一个独立的ATM单元作为设计对象则涉及的交互元素更多。因此，ATM的交互元素可以横跨工业设计、UI设计、视觉传达等领域，是交互设计概念不断延伸的典型范例（图5-1）。

作为研发的新兴领域，世界上越来越多的研发人员开始关注环境智能。鉴于新一代工业数码产品和服务都向着整体上的智能计算环境发展，因此环境智能的概念事实上正变成信息社会中一个新兴的关键维度。欧洲信息社会技术咨询集团（Information Society Technology Advisory Group，ISTAG）曾经在一份报告中解释了环境智能的定义：“环境智

图5-1 ATM是典型的包括软硬件在内的综合型用户界面

能是信息社会的一个新视角，它强调更高的用户友好度，更有效的服务支持、用户授权和对人机交互的支持。人们身边有各种智能的、直观的界面，这些界面嵌入各种对象和环境中，环境以无缝的、不突出的，甚至隐形的方式识别不同的个体并做出反应。”目前，计算机网络、传感器和执行器、用户界面软件、人工智能、自适应系统、机器人等均是对环境智能研究有重要影响的领域。

在城市设施方面，瑞典首都斯德哥尔摩的奥登普兰地铁站，其进出口楼梯被人别出心裁地进行“改装”，就是把每一阶楼梯用油漆刷成了黑白两色，就像是钢琴的黑白键盘一样，工作人员在这条楼梯上安装了压力传感器，传感器与扬声器相连，当人们在楼梯上每走一个台阶就相当于按下一个琴键，扬声器会播放出相应的音调，不同阶梯发出的不同音调形成了用户与环境设施的交互，融入环境公共设施中的交互设计让人们在日常生活中增添一些趣味与娱乐，在安装钢琴楼梯后选择楼梯而不是自动扶梯的人比平时多了66%，这个楼梯成为通过交互设计改变生活的一个经典案例（图5-2）。

在智能汽车交互设计方面，许多汽车制造商已经开始慢慢将其他行业的设计经验引入汽车UI设计中，如手机、网页或游戏的界面设计。许多设计师借此机会畅想未来汽车用户界面的设计趋势，试图通过设计手段改变人们的驾驶体验。在智能化时代下，人们与产品的互动已经由单一模态向多模态转变，脱离了单一的视觉和触觉通道，开始融合嗅觉和听觉等多模态的交互方式。例如，在理想ONE车内的麦克风布置上，将四周位置都安置麦克风，当用户坐在车内时通过语音助手要求打开车窗，车辆会分辨声音来源并打开说话人一侧的车窗，无论在主驾驶、副驾驶，还是后排，这是非常自然的人机交互方式（图5-3）。

图5-2　斯德哥尔摩地铁站的琴键楼梯

图5-3 理想ONE的车内空间

小型化、个性化和共享化正成为新时代产品设计的主要理念，无论是青年人社区公寓的兴起，还是社区化共享多功能空间的蓄势待发，都让空间可变性的创新设计得到了迅猛发展，让追求体验感的新兴消费群体能够在临时的小空间中，享受属于自己的个性化服务。在汽车智能化的体验发展也顺应这个趋势，并且随着人工智能技术和物联网技术的发展，汽车驾驶舱将逐渐衍变为一个智能移动空间，并基于不同的场景需求，空间内的部件和场景氛围可进行智能变化，提供更具体验感的空间。例如，蔚来汽车可以变身为休息舱模式，不仅座椅会变成舒适的躺椅，而且可以迅速设置助眠音效和唤醒功能。

除了依托于屏幕、纸面和实体产品的视觉元素，VR和AR虽然通过屏幕显示，但是其所追求的视觉效果已经超越二维的屏幕，但又和三维的实体产品有所不同，互动技术对生活渗透的深度大大增加；此外，随着技术的快速进化，人机交互的“界面”越来越模糊且越来越无处不在，各种类型的元件通过物联网的协同将使人与环境互动成为可能，互动技术在生活中拓展的广度也将增大；更深、更广的互动技术将对互动设计提出更新、更高的要求，这也将是互动设计发展的新趋势。

5.2.2 服务设计

服务设计的概念与服务同样都是发轫于市场学领域，最先提出这一概念的是美国学者G.林恩·肖斯塔克（G. Lynn Shostack）。肖斯塔克提出了服务设计及其工具“服务蓝图”（Service Blueprinting）。服务蓝图是一种专门用于描绘服务流程的技术，后来被广泛应用于服务设计、服务创新和服务管理，它与其他流程图最显著的区别在于从客户的角度来看待服务过程，为理解服务组织和服务运作提供了一个全局性、系统性、战略性和可视化的视角。此外，客户旅程图、设计思考等都是服务设计中常用的思维工具，它们的共同点都是从用户视角出发，重视用户需求和使用场景，对服务的内容和运行模式进行仿真思考。根据这些工具进行归纳，服务设计是指企业对服务的创造、运行和架构进行规划和设计，核心是通过服务要素与服务模式的设计，为目标客户创造更好的服务体验。

目前，服务业不仅覆盖着全民日常生活、交通、通信、医疗、教育等方方面面，还影响着工业生产从研发、制造、供应链管理、贸易等各个环节。其中，服务设计通过人员、环境、设施、信息等资源的合理组织，实现服务内容、流程、节点、环境以及人际关系的系统创新，有效地为个人或组织客户提供生活、生产等多方面的任务支持，为服务参与者创造愉悦的身心体验，努力实现多方共赢的商业和社会价值，从而创造出兼顾不同利益相关者诉求，兼具用户、商业和社会价值的服务产品。

服务设计是德国iF设计奖中最年轻但发展最快的类别之一。2020年名为Hand In Scan的手部扫描仪获得金奖，设计背景是在医院员工糟糕的手部卫生导致了全世界120万例感染的情况下。该款创新扫描仪可测量并改善工作人员的手部清洁程度。扫描仪与基于人工智能的软件配对，该软件使用先进的照相扫描技术来捕获消毒手的数字图像并提供即时评估，然后将结果显示在屏幕上，显示用户手部消毒和遗漏区域的百分比，这些结果可以显著改善我们的手部卫生习惯。数据被发送到分析系统，用户可以在系统中查询总体结果和进度。手部消毒和评估的整个过程仅需约40秒。除此之外，设计团队还利用服务设计来激励工作人员使用扫描仪作为训练设备养成正确的手部卫生习惯。扫描仪还配有全面的培训框架，可帮助医院抵抗可避免的感染并挽救生命（图5–4）。

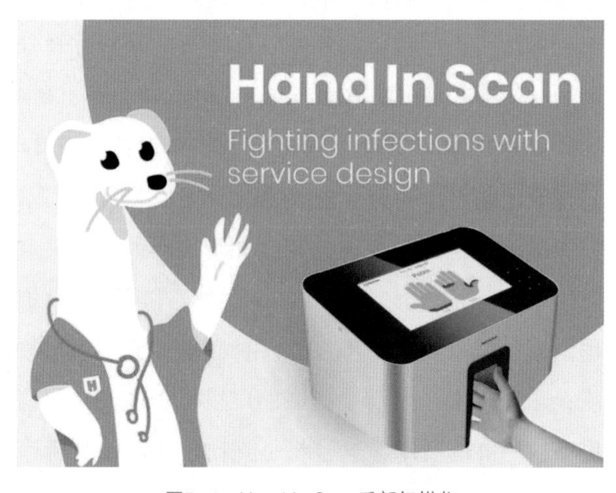

图5–4　Hand In Scan手部扫描仪

服务虽然是无形的事物，但其涉及的利益相关方与实体设施、运行流程和商业模式、依托的平台等都是具体而可设计的。举例而言，送餐外卖服务并不是一项新事物，以美国为代表的电话外卖比萨的方式早已行之有年，我国的商户和熟客之间使用微信下单点餐也并不罕见，但是以饿了么、美团外卖为代表依托于App平台的外卖服务却为外卖送餐赋予了新的可能性。首先，App平台对一定范围内不同的门店予以展示，并配合筛选和排序功能，极大扩展了客户的选择范围。其次，通过专业的外卖小哥进行配送，确保了时效性与专业性，并且配合实时定位的可视化系统缓解客户等待时的焦虑。最后，通过对外卖菜品与送餐服务进行打分、评价和照片展示以形成约束机制，并且可作为其他客户在选择时的参考。另外，在日常运营中配合会员制度、品牌认证、满减活动、运费减免、限时优惠等营销活动，进一步拓宽市场吸引新门店和新客户的加入。这一整套服务体系的设计不仅明确了门店、外卖小哥、客户各方的角色，并且将搜索、筛选、下单、接单、配送、评价一系列行为串联起来通过App的形式加以可视化。另外，将传统的市场营销策略也加入其中，构成了完整的服务流程。这一套流程不仅可行而且可进行灵活调整，饿了么、美团外卖通过及时追加“无接触配送”等服务，为相关从业者和客户提供了极大的便利（图5-5）。

图5-5　以饿了么和美团外卖为依托的外卖服务是新型服务的典型范例

5.2.3　其他领域

此外，随着用户体验设计理念的普及，其他领域（如工业设计、包装设计、室内设计等）也开始关注用户体验的重要性，因为“体验”是人对于客观事物的认知印象和回应，这里的客观事物既可以是无法触碰的界面、服务，也可以是有形的产品、包装和空间内饰，它们都有可能作用于人的感官并且产生相应的印象、记忆并使人产生相应的体验，反之，形成良好的用户体验对于产品、包装和室内空间的设计改善同样具有重要意义。

在产品设计领域，Sharpen Smarter牌卷笔刀可算是一个以用户体验作为亮点的典型范例。设计师通过对卷笔刀出屑口进行改进使刨铅笔时产生的刨花在卷笔刀上方的碗状部位卷曲聚集，刨花会随着铅笔的转动逐渐形成花朵的形状。这一设计本身并不强调产品自身造型，也没有实际功能的改进，而是通过让用户在使用产品过程中的有趣体验来形成产品自身的特色（图5-6）。

另以包装设计为例，日本的水果市场上有一款主打“安心、安全、高品质”理念的香蕉品牌幸福的香蕉（しあわせバナナ），香蕉皮表面贴有两层仿真贴纸，揭开后下层印有商品说明，而手提纸袋的外观被设计成蕉叶的样子，将手提绳解开摊开包装盒变成一片内侧印有商品说明和保质期等信息的完整蕉叶，让消费者在看到商品时可以直接产生天然的印象，通过视觉体验影响用户对产品的印象（图5–7）。

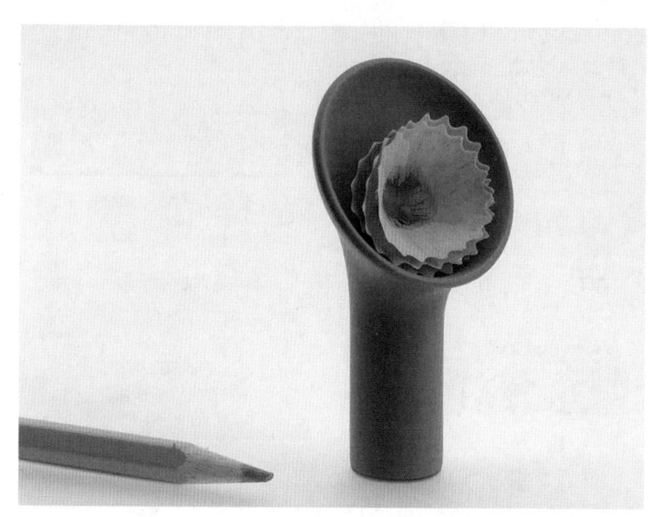

图5–6　Sharpen Smarter牌卷笔刀

图5–7　しあわせバナナ的包装设计

随着近年来的技术发展，包罗万象的沉浸式体验逐渐在生活中得到普及。沉浸式体验设计是通过场景营造，配合全息投影、AR、VR等科技手段，贴合甚至超出用户生活体验的故事性的方式，以游戏，情境感音频、视频、戏剧、游乐设施、装置性空间展览等作为输出途径，令用户全身心多感受的体验并沉浸其中，最大化调动自身五感共鸣的产品设计或服务设计。此外，沉浸式体验设计在文旅领域得到了广泛应用，越来越多的博物馆通过交互技术展示历史文化，如全息投影、互动投影、虚拟现实、三维立体等，给参观者营造一种视听觉上的全新体验。

用户体验设计诞生自交互设计领域，近年来设计界的不同细分领域在设计理念上的相互借鉴现象使其得以在其他领域得到实践性应用。总而言之，无论是何种设计都必须回归本质，即设计并非艺术创作而是通过造物过程中的创造性劳动来满足人们的物质、精神需要，因此良好的设计必须以用户为中心进行规划，也必然需要关注用户对于设计所产生的体验。

5.2.4　用户体验的内涵

用户体验设计在各领域的应用涵盖了系统、UI、工业产品和服务等各类有形与无形的产品领域，相较于单纯比较功能、外观等产品特性，用户经由产品特性获得的体验才是用户体验设计所追求的。用户体验本身是复杂的，从用户体验的类型而言可以分为感官体验、交互体验、情感体验、信任体验、价值体验、文化体验六个方面，从影响用户体验的因素而言可以分为有用性、易用性、寻获性、可靠性、可及性、理想性、价值七个方面。

从用户体验的不同类型来看：

①感官体验。感官体验是生理层面的体验，指用户在产品的使用过程中基于视觉、听觉、触觉等感知到的舒适，如网页的页面具有艺术的美感、音效的搭配让人感到愉悦、键盘的键程让人觉得恰到好处等，这些因素通过感官直接传递给用户进而形成直接印象，感官体验是用户体验的基础。

②交互体验。交互体验是用户在产品的使用过程中因为较高的可用性与易用性，感到易于学习、操作高效，交互体验不仅体现在生理层面而且包括心理层面，用户不仅可以从系统、网页、App中获得交互体验，与实体产品的人机交互也可能成为来源。

③情感体验。情感体验是心理层面的体验，指因为产品自身的特性或与之相关的系统、服务的友好度使用户在产品的使用过程中感觉愉悦，情感体验是在感官体验和交互体验等基础上产生的。

④信任体验。信任体验是用户在产品的使用过程中因为良好的感官、交互方式和情感体验而对产品产生信任感，是用户体验从生理层面、心理层面走向社会层面的体现。

⑤价值体验。价值体验是社会层面的体验，指用户在产品的使用过程中感觉到作为消费者获得了所追求的价值，价值体验将产品的获取、使用和评价放在一个更广阔的视野，即商业活动中进行衡量。

⑥文化体验。文化体验是用户在产品的使用过程中，基于诸多良好体验感受到产品的文化特质，这种文化可能是设计师的个人特色，也可能是企业的一贯风格，甚至可能是某一地某一国产品的共性。

从影响用户体验的不同因素来看（图5-8）：

①有用性。有用性又被称为实用性，产品的有用性是具有价值的前提，产品是否具有“有用性”由其面向的用户来判断，对于一个习惯于新式智能手机的年轻人而言，一款十年前的老式手机即使还能打电话、发短信，也很可能被认为不算“有用”，但是面对一幅并无实用价值的装饰画时却有可能愿意掏钱买下。

②易用性。易用性所关注的是能否通过产品让用户有效、高效地实现他们的最终目标。虽说易用性低的产品不代表无法使用，但是面

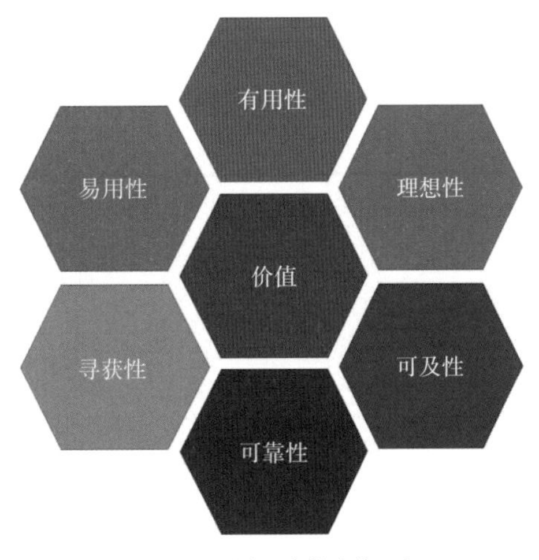

图5-8 影响用户体验的因素

对激烈的市场竞争很难生存下去，如亚马逊虽然进入中国市场较早，但是在制度上对中国分公司放权较小，且多引入中国香港籍、中国台湾籍高管，对于中国大陆市场的理解把握相对不足，面对积极研究用户浏览和操作习惯，并积极提高平台易用性的淘宝、京东等平台的夹攻，亚马逊因为在用户体验方面让人感觉易用性不足，市场份额逐年缩减并最终选择退出。

③寻获性。寻获性指的是产品应便于用户找到，特定功能或内容的寻获性是进行使用的前提，当阅览某个新闻门户网站时，如果对于自己关心的新闻类型用户无法便利地进行分类、检索和筛选，浏览新闻的体验必将大幅下降。

④可靠性。可靠性的高低关系到用户能否对产品建立起信任，不仅要求产品能被使用，还要能达到一定的耐用期限，此外产品所提供的信息均须准确及切合实际。产品被认为具有可靠性并不容易，但是非常容易在可靠性方面使用户失去信心，三星Galaxy Note 7手机就是最好的例子，该款手机不仅数次自燃，而且三星在售后服务方面的对应被认为缺乏诚意且具有歧视性，导致整个品牌在中国市场迅速崩盘。

⑤可及性。可及性又被称为无障碍性，虽然这个概念经常被放在通用设计中进行讨论，但是在用户体验设计中同样重要，它关注的是为不同用户群体提供公平、优良的体验，包括在某些方面能力不足或者身有残障的人。

⑥理想性。理想性在设计中通过品牌、形象、身份、美学和情感设计来传达，一个产品越令人向往，拥有它的用户就越有可能通过它进行自我夸耀，并在其他用户中产生购买欲望。在市场学中可以用品牌溢价之类的概念进行类比。例如，同样是联想旗下的便携式计算机品牌，ThinkPad比Lenovo显得更有价值；同样是大众旗下的汽车品牌，奥迪比斯柯达更为高端。

⑦价值。产品必须向创造它的企业和购买、使用它的用户提供价值，否则产品从根本逻辑上就无法成立，因为价值是影响用户购买欲的关键因素之一，价值与上述各个因素都具有关联性。

用户体验在内涵上的复杂性决定了用户体验设计这一新兴领域的复杂性，尽管用户体验设计与消费心理学和人因工程学同为用户中心设计的理论基础，但其本身也和前两个领域存在着密切的联系。

5.3 消费心理学与人因工程学在用户体验设计中的应用

用户体验设计作为设计学科的一个全新领域，其内涵总体而言可以理解为设计思维在交互设计、服务设计等领域的实践，其设计的依据多和消费心理学及人因工程学相关联。

5.3.1 消费心理学与用户体验设计

消费心理学与用户体验设计的联系主要包括用户对于产品的需要、动机、决策等。设计不仅要关注用户的行为特征，也应探索行为特征背后的原因，这些原因不仅能够用于研究产品的可用性和易用性，还可以解释和预测用户是否会在实际的情况下按照设计团队的预设去使用产品，以及是否会对造型和功能产生符合设计预期的体验。

探索用户行为特征背后的原因需要明白用户的内部驱动力，这首先反映了消费需要，如第3章所述它是指生理和心理上的匮乏状态所造成的对有形或无形商品的获取欲望和要求，需要不仅包括生理需要、安全需要等低层次需要，还包括情感和归属、尊重及自我实现等高层次需要，即使低层次需要得以满足，此后高层次需要也将得以凸显，这种从低到高的欲望和要求构成了用户行为的驱动力。

低层次的需要在设计中体现为对基本功能的满足，如一个旅行箱必须能够容纳设计时预设体积和重量的物品，一个音乐App应包含相当数量的曲库并附有基本的搜索、歌单和收藏功能；高层次的目标则更多涉及用户的情感和社会认同需求，即使是一个旅行箱在满足了容纳功能之外，如果还具有相当的美感和牢固性，甚至承载了用户对于自身社会形象的期许，它将能够满足用户的高层次需求，也必然会带来更好的使用体验——尽管这个体验更多地反映在精神层面。

旅行箱品牌RIMOWA是个典型案例，尽管拥有良好的造型、质感、品控和附加服务，但是作为奢侈品级的旅行箱带给用户的最重要体验始终是对于财富、阶层和生活品质的彰显（图5-9）。此外，在无形的商品中对于高层次需求的满足也往往成为其特色，以音乐App为例，网易云音乐主打歌单、社交、发现和分享，其区别于传统音乐软件的最大特点就是融合了社交属性并拥有评论区，让用户在听音乐之外还可实现和其他听众的互动。从用户定位来看，网易云音乐主要瞄准年轻用户群，将校园作为重要的战略性发展阵地，不仅推出网易云音乐校园计划，对于App用以提醒使用或者推荐新歌的推送消息，也在其语言内容上力求迎合年轻人的喜好。根据2021年的网易披露数据显示，网易云音乐超过90%的活跃用户年龄在29岁以下，近年的新增用户中“00后”占多数，这说明网易云音乐对年轻用户群的使用体验的把握非常精准。在用户体验设计中，

图5-9 RIMOWA是旅行箱中的奢侈品

需要往往是通过产品的整体风格和综合性设计策略得以凸显的，必需但是表现得相对间接。

相较于需要，动机在用户体验设计中的作用表现得更为直接，动机按照来源分为内部动机和外部动机。以对系统的交互方式进行设计为例，辨识度高的提醒、鼓励式的反馈、具有参考价值的信息或是适度的奖励机制提高，这些系统功能将直接作用于用户并激发他们的内外动机，以提高使用频率、增加使用时间或改进使用效率。

以健康管理类App为例，华为运动健康通过图表化的数据展示、专业的训练课程设置、专家参与制作的健康信息、详细的个人运动计划与周/月/年报打卡、基于积分与勋章的虚拟激励和相关设备的联动等各种功能，不仅让用户能够掌握自身健康和运动状况，进行准确而生动的自我分析与评估，从而产生应该保持健康的想法和能够保持健康的自信，还能通过提醒、辅助和激励来帮助用户进行专业而持续的健康管理，是从内、外两个层面激发消费动机，并在该过程中提升用户体验的典型范例。

需要注意的是，对动机的激励和任务性质及工作环境有关，尽管在游戏、健身、网购等非正式场合中，经常有打卡、积分、升级等形式来获得可预期式的奖励，以此唤起动机的做法并且效果往往不错，但是在职场中执行与工作有关的任务时，用户在职场中已存在来自公司的激励机制，单纯靠增加激励较难有效唤起额外动机，提供有用信息、改善UI设计、营造合适的作业环境等往往是更好的选择，即使使用激励机制也可以考虑使用一些非预期式的奖励，如赞美和鼓励式的反馈等（图5-10）。

图5-10 华为的运动健康App采用了若干种对于用户动机的激励方式

在用户进行有关操作或购买决策时，应注意这些决策不完全基于理性，往往和他们的思维定式、情感体验等具有密切联系。尽管信息化的进步导致产品的相关信息俯拾皆是，但用户在决策时通常不会参考这些信息，他们的决策往往不是最优解并反映出普遍的冲动、偏见，因为相较于寻求真正的最优解，用户通常满足于在易于操作的有限范围内寻找相对满意的答案并感到满足。类似的例子是用户在使用搜索引擎或是购物网站时，往往会在极其有限的几页或者几个网站中进行对比筛选并做出选择，这也是竞价排名等商业模式存在的基础。尽管用户的决策方式未必理智，但是必须思考在这一过程中哪些心理因素对用户决策产生了影响。

①心智模型。用户在挑选和使用产品时的决策往往基于已有的经验、记忆和知识结构。以电梯的操作按键为例，常识告诉我们地下和一楼处于低层，随着楼层数字的增加其实际高度也在增加，所以一般的电梯按键布局都是指向低楼层的按键被设置在下方，而指向高楼层的按键设置在上方，因为这种布置方式符合人们的知识结构（图5-11）。

②样本量。对于生活中的所见所闻，用户往往倾向于概括出其共性并将其吸收为自身知识结构的一部分。虽然以往的乘用车换挡方式以换挡杆为主流，而现在采用拨片式换挡和旋钮式换挡的车型也逐渐增多（图5-12），汽车销售或者修理行业的资深从业者对其习以为常，但一个新手驾驶者只接触过少数几种使用换挡杆的车型时会认为换挡方式就应该是这样的，当他们接触到采取不同换挡方式的车型时最初难免会觉得困惑，因为两者所接触的样本量不同。用户接触少量产品样本从中发现了某些共性却误认为一般规律，但这种共性可能只是源于随机而非事实，有可能导致在接触新产品时产生隔阂或误操作。

图5-11 电梯的按键布局

图5-12 采用拨片式换挡和旋钮式换挡的汽车逐渐增多

③易得性偏差。用户往往根据认知上的易得性来判断事件的可能性，因此也更容易记住由于特殊原因而脱颖而出的信息。当用户被要求做出决策时，他们通常会检索和使用那些容易得到的信息，因此被用于决策的信息未必是正确的，但必然是易于记忆的。以交互设计为例，在设计UI的过程中除了采用一些视觉效果去引导用户操作外，对于一些较为复杂的操作有时候需要增加辅助性说明文字，以便引导用户执行正确的操作。此时需要注意在说明的长度与有效性之间应取得平衡，过多、过细的信息不利于用户理解和继续操作流程，并且说明方式应言简意赅，如需用户选择要执行的功能并且点击相应的画面按钮时，比起“选择你需要的功能并点击按钮”，使用“点击你需要的功能”这

样的表述更加直接，此外在表述的语法上尽量避免使用被动态或双重否定，如使用“验证手机号注册新账户”的表述而非“注册新账户时手机号应被验证”，使用“我想继续订阅”的表述而非“我不想取消订阅”，因为这更容易被理解和记忆，尤其是在之后需要反复回忆的操作说明中这一必要性更加明显。

④框架效应。对同一个事物的说明，即使在逻辑意义上相似也有可能因展示方式的区别导致用户做出不同的决策。例如，有两个高度类似的服务型平台，在平台A免费注册初级会员后系统提示可以申请升级为高级会员，每个月支付7元的会员费用，而在平台B进行免费注册后默认成为高级会员并享受相应服务，月底前会提示如果不愿以7元/月会员费用延续高级会员的资格则会变成初级会员。一般而言在同等条件下，在平台B上付费购买高级会员的用户更多，因为对多数用户而言失去一个功能比不添加它的损失更大，已获取的高级会员资格即将丧失时可能比刚开始购买时对其更加看重，在此情况下更多用户可能倾向于选择付费延续会员资格。

⑤结果反馈。用户在操作系统时，在没有得到关于使用的反馈时往往会对自己的使用方法保持自由并不会做出改变，但是在得到反馈时则可能提高自己的决策能力和使用绩效，在需要提高用户在使用产品的决策质量时应注重给予适当的反馈。例如，对于正确和错误的操作进行不同的音效反馈，或者在会员注册或者服务申请等复杂且时间较长的人机对话中，在用户进行了正确操作后给予鼓励性反馈并说明已完成的进度，又或者在错误操作后的弹出对话框里用简洁明了的语言进行解释并给出解决方案，这些反馈将有助于用户更有效率地操作系统。

消费心理学不仅告诉我们普通的消费行为未必源于对客观事实的理性判断，对于需要、动机和决策的分析同样告诉我们当把购买某种用户体验当作消费行为来看时，对其购买和使用逻辑同样应分析其心理因素。

5.3.2 人因工程学与用户体验设计

人因工程学与用户体验设计联系的主要表现包括用户体验中的身体因素、感官因素和认知因素等。在人因工程学领域虽然也探讨心理学问题，但是和消费心理学侧重于社会学、市场学领域不同，人因工程学中的心理学问题着眼于人体内部的心理活动，且和人的生理构造具有较密切的关系。良好的用户体验必然和人机间的良好互动有关，这需要设计团队掌握人的生理和心理知识，并且将其融入用户体验设计流程。

人机交互中的身体因素牵涉到人体结构、便携性和风险等。人体结构包括用户进行人机交互式的姿势、活动性与相关风险，如使用便携式计算机在室外进行临时作业、使用手机进行网上购物、在方向盘前驾驶汽车、在数控机床前进行操作、使用手柄玩游戏等，都是比较典型的人机交互行为，需要通过设计让用户的使用姿势具有较高的操作效率和较低的疲劳感；活动性要求移动设备参考人体的承重指标和活动能力，使其便于用户携带和临时性使用；对于风险的顾虑主要在于因不恰当的姿势或长期的身体负荷可能造成的健康与安全问题，如长期进行桌面的计算机作业造成的颈椎、肩部和腰椎问题，过度使用手机可能引起的腱鞘炎等病痛（图5-13），伴随着疲劳驾驶的事故隐患等。

图5-13 手机的过度使用可能带来健康问题

以上这些问题在传统上被单纯放在人因工程学领域进行研究，随着人机交互系统的日益复杂化及对日常生活的渗透，用户体验设计可以发挥的作用变得越来越大。提高计算机端UI的辨识度不仅有利于提高操作效率，也能降低用户因难于辨识导致头部频繁前倾造成颈部和肩部的过重负荷；手机端系统对使用尤其是娱乐性使用的时长进行提醒甚至限制，在一定程度上能为眼部和手部的疲劳带来改善；触控屏、便携式计算机键盘、汽车操作面板等人机界面，都存在通过设计来改善用户体验以提高效率、减少误操作的诸多例子。这些综合性问题不仅需要人因工程学在实体产品中的应用，也需要在交互系统中正确实践用户体验设计的理念。

人机交互中的感官因素牵涉人的视觉感知、听觉感知和触觉感知等，其中视觉感知最为重要，又可分为底层视觉感知和高层视觉感知。当感觉器官受到刺激时，会产生某种形式的刺激编码并作用于大脑形成感觉，在对产品或系统进行设计时，设计团队需要考虑感官特性及内外环境，以确保用户的适用性。

低层次视觉感知包括对光线、颜色等的感知。物体发出的光线与背景光线间的关系反映为不同的对比度，如果物体比背景发射出更多光线则对比度为正值，反之为负值。对比度和对形体的辨识有密切关系，如手机屏幕在明亮处和昏暗处的显示效果并不相同，白天在亮处使用手机可能存在系统辨识度不足的情况，因此可以通过在手机中加入光照强度传感器，根据周边环境的亮度自动调节屏幕的亮度。色彩的明度和饱和度在用户体验设计中往往体现出界面的美感和舒适度，明度指颜色中混合了多少白色或黑色，饱和度指颜色的纯度或强度，饱和度和亮度很大程度上决定了色彩呈现给用户的感受，界面所用色彩的饱和度、明度较高则视觉冲击力强烈，反之，视觉上显得温和。这一区别在用户体验设计中往往得到应用，饱和度与明度过高的色彩往往缺乏高级感，低饱和、低明度的色彩往往显得整体强而色调和谐，给人一种很强的品质感；此外色彩饱和度过高容易造成视觉疲劳进而导致用户对界面产生不适，色彩的饱和度和明度适中会使界面在视觉上更加舒适；但高明度、高饱和度也有明显的优点，其更加容易吸引用户的注意力，在唤醒度方面更加能够刺激用户的兴奋度，因此适合用于标识提醒、需要用户加以确认的选项按钮等视觉元素（图5–14）。

图5–14　即使是整体色调柔和的网站在需要确认的部分也会使用亮色

高层次视觉感知包括对运动、空间、物体分组等的感知。视网膜边缘区域虽然对色彩和形体的识别并不敏感，但是对运动很敏感，当视线外围区域的物体以超过一定速度运动，会激发眼睛自动进行跟踪，因此将计划投放于网页的广告设计为动态，即使广告处于页面的边缘区块依然可能引起用户的注意。视觉系统对空间的感知需要根据两眼视网膜上的成像区别来判断，但是二维图像可以模拟这种区别，最常见也最形象的例子就是绘画中的透视，平面图像中不同物体的大小、亮度、阴影、互相遮挡等使人感觉到空间的深度，这些均可以应用在系统UI和网页的设计中。人对物体分组的视觉认知规律被归纳为格式塔组织原则，这一原则的基础观点是认为知觉不能被分解为小的组成部分，知觉的基本单位就是知觉本身，强调结构的整体作用和产生知觉的组成成分之间的联系。

格式塔组织原则分为8条：有些物体或图形比背景更加突出；邻近的物体会被认作一个整体；相似的物体容易被组织起来构成一个整体；未闭合的残缺的图形有使其闭合的倾向，即人把其知觉为一个整体；一个对象中一部分向同一方向运动时容易被知觉为一个整体；人们对一个复杂对象进行知觉时倾向于把对象看作有组织的、简单的规则图形；如果一个图形的某些部分可以被看作连接在一起，这些部分容易被知觉为一个整体；人倾向于将世界知觉为恒定场所，即从不同的角度看同一个物体在视网膜上成像的不同不会使人认为是物体变形了。格式塔组织原则在平面设计和交互设计中得到较多应用，有助于整理平面中的各类视觉元素并形成多种效果（图5–15）。

听觉感知和触觉感知的应用尽管少于视觉，依然是交互设计中值得研究的部分。在交互设计中，声音主要用于提供声音输出和听觉警报，声音输出用于传达具体信息，虽然一般认为女声输出更易于理解，但是因为用户的喜好不同且使用环境复杂，系统中声音类型的可选择性比较重要，如高德地图在可自定义的导航语音包中加入了一些知名人士的语音，一度得到了较好的反响（图5-16）；听觉警报则专用于提醒用户出现了不寻常或预想之外的情况，根据情况的不同在音量和速度上的调整有助于帮助用户识别其意义。触觉感知主要提供操作上的反馈，往往作为视觉和听觉的补充，如静音状态下的来电振动或触摸屏输入时的振动反馈。此外，在交互设计中视觉、听觉和触觉的感知往往是综合使用的，以此达到更好的输出效果。

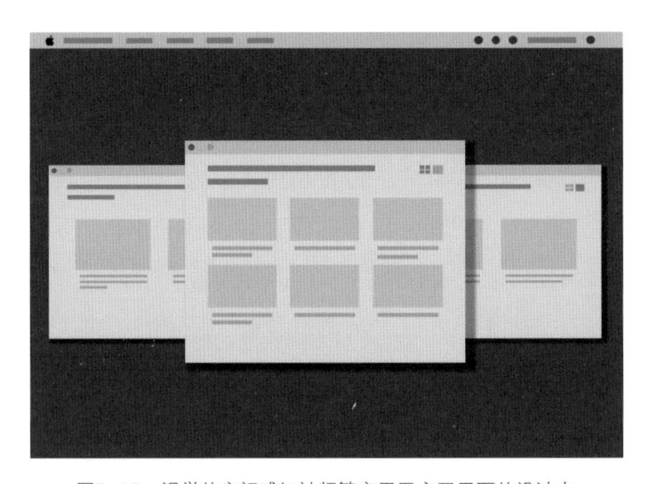

图5-15　视觉的空间感知被频繁应用于交互界面的设计中

图5-16　高德地图可以使用知名人士的声音进行导航

5.4　用户体验设计的若干原则

随着互联网产业的兴起，用户体验设计日益得到重视，其方法论已成为设计学界的显学，无论是产品经理、设计师、程序员，还是其他相关设计人员都需要掌握相关的基础知识。本节主要介绍用户体验设计应用于界面设计的部分基础知识，不在具体方法上过多着墨，而是从基本架构出发，并从任务分析、信息可视化和认知维度三个角度对相关的原理性知识进行介绍。

5.4.1　任务分析

任务分析是指通过分析来明确用户如何执行某个任务。产品的价值在于它能够帮助用户完成任务，如果产品的设计思路与用户的行为模式能够良好匹配，用户只需要花费较短的时间和较少的精力就可以理解操作方法并进一步熟练使用，反之将浪费时间与精力，并且在使用中面对更多的困难和错误。对于同一个任务，用户可能通过不同的途径完成，因此在面对特定任务时设计团队需要思考如何以符合用户行为模式的方法提供相关功能，同时也应考虑到基于成本、技术等的局限后给出具有现实意义的设计方案。

任务分析可以应用于系统开发的多个阶段，不仅可以作为设计战略的一部分用以规范任务的操作流程，还可以描述用户的具体行为模式并应用于具体的细节设计。利用任务分析指导任务和界面设计，其使用的数据往往是以目标用户群的代表作为对象，通过观察、座谈、访谈和问卷调查等方式搜集、整理、归纳而成。搜集数据中的常见内容包括直接询问调查对象完成任务的理想方式、直接询问调查对象完成任务的现实经历、观察调查对象在实际中完成任务的情况（包括全流程、问题点和解决方法）、参与调查对象完成任务的过程并随时询问其想法等。

通过任务分析，来设计一个服务购买平台。首先，设置用户目标为“买到想要的服务”。其次，分析购买服务的全流程分为5个主要任务，即选择服务、填写订单、提交订单、确认订单、服务反馈。再次，对前述5个主要任务进一步拆分为若干子任务，将其列成层次任务图，如在选择服务这一任务之下，不仅需要浏览服务，还需要根据关键字进行搜索，通过条件的设置筛选出满足需求的服务，一部分服务还需要在搜索或筛选结果后选择服务人员。最后，选定具体的服务，将这些子任务列在选择服务这一主要任务之下以明确从属关系。通过这样的分析图来厘清不同层级的人物关系，对于设计服务购买平台时所需要设计的模块可以有比较直观的认识（图5–17）。

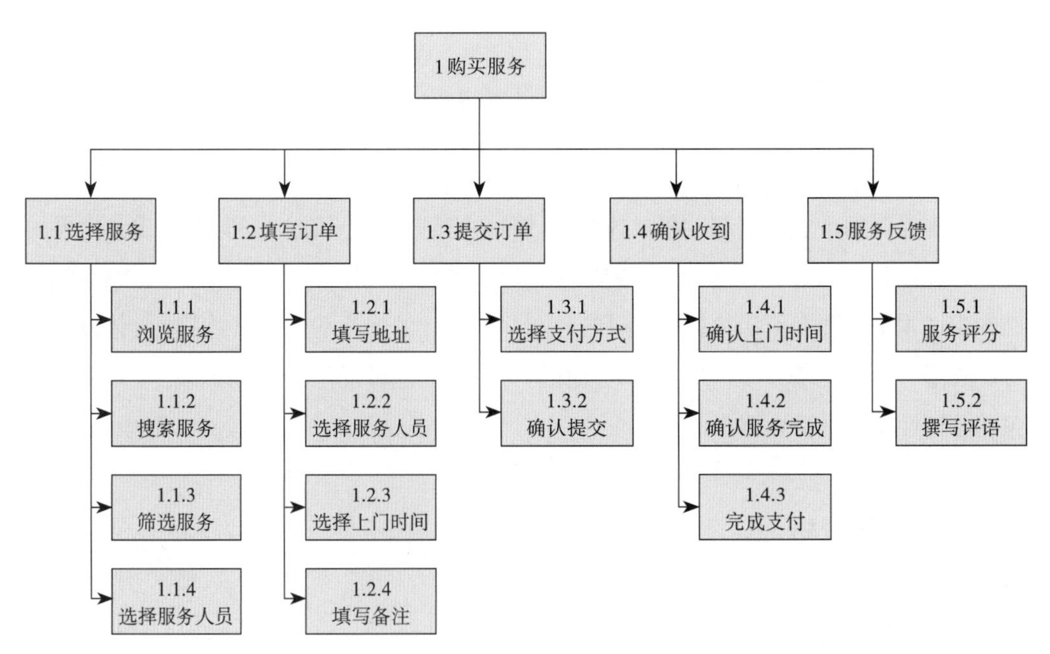

图5–17 层次任务分析图

将服务按照流程拆分成层级的子任务有助于分析任务本身，但是当我们需要厘清不同用户对于任务采取的不同操作时，可以使用用户任务一览表进行分析。用户任务一览表尽管无法深入表现各种任务的层级结构和先后顺序，但是可以通过列表的形式描述使用系统的所有用户及其需要完成的任务（表5-1）。

表5-1 用户任务一览表

任务	顾客	服务提供商
发布、修改和删除服务信息		×
查询服务购买情况		×
通过系统进行沟通	×	×
选择服务（浏览、搜索、筛选和选定）	×	
填写订单	×	
提交订单	×	
确认订单	×	
取消订单	×	
服务反馈	×	
针对反馈进行售后服务相关的交流	×	×

层次任务分析图主要描述理想状态下完成任务的典型流程，虽然能反映多数用户的使用模式及特点，但是面对存在不同类型用户的系统难以做出基于具体需要的分析，在考虑此类系统的交互设计时，表现不同用户及不同条件下完成某项任务可能采取的使用步骤和决策流程时，可以使用任务过程和决策分析图（图5-18）。该图的优点在于通过列出在完成任务过程中可能出现的不同可能性，对与决策相关的各种要素进行针对性的设计。

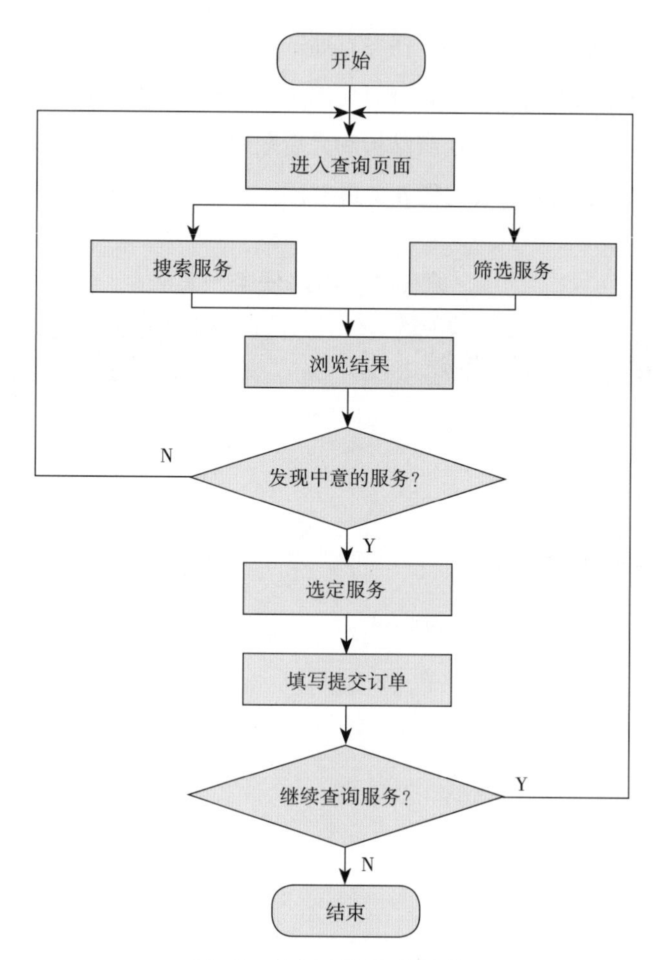

图5-18　任务过程和决策分析图

5.4.2　信息可视化中的视觉元素

信息可视化指以非数值型信息资源的视觉呈现抽象信息，以便用户快速获取、理解大量信息的方法。信息可视化将数据信息和知识转化为一种视觉元素，充分利用人们对可视模式进行快速识别的自然能力。图形、文本、表格、视窗、光标及流程图等视觉元素都能为人们提供一种信息传递的方式或手段，设计团队应根据用户的特点与需求构思良好的视觉元素以辅助信息的有效传递。

①布局。对于计算机端的网页，用户通常不会在第一时间仔细读取而是一眼扫过，这意味着只有当他们的视角集中在一些事物上时才会停下阅读。传统的网页设计通过布局方式主动创造视觉线索，试图控制用户的视觉路径；而近年的网页设计思路接收关于视觉动线和认知特征的研究结果，在尊重用户天然的视觉模式的基础上去规划布局，这种设计思路可能会因为用户正在查看的内容类型的不同而有所差异，其中最受用户欢迎

的两种浏览模式是Z型布局和F型布局。

Z型布局的基本原理依据了眼动测试的结果，用户在浏览网页时首先从左上角到右上角平移形成水平线，其次向页面的左下侧移动形成对角线，最后再次向右转形成第二条水平线，当用户的视线以这种方式在网页上移动时，动线形成字母Z的形状（图5-19）。

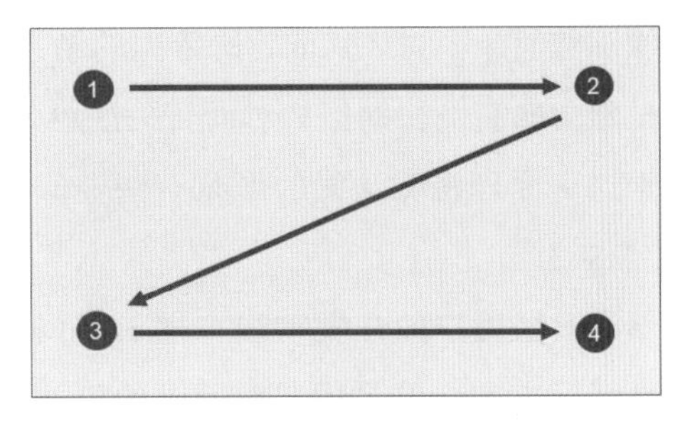

图5-19　Z型布局视觉动线

符合用户感知流程的布局有助于创建自然的浏览轨迹，在这个规矩中不仅包含轨迹而且包含若干视线停留点，它们是放置信息的最佳位置。左上角的停留点1是观众旅程的起点，最适合放置Logo或者标题，沿着Z的顶部平移在右上角放置希望用户最先接收到的有用信息，在停留点2和3之间是页面的中心区域，该区域可用于放置用户感兴趣且可直观浏览的内容，将其视线自然地向下延伸到停留点3，此处的目的是为进行最后的行为召唤做准备，如提供一些做最终决策的参考或者激励因素，之后视线将平移至停留点4，此处是主要行为召唤场所。以下是一些Z型布局的范例（图5-20）。

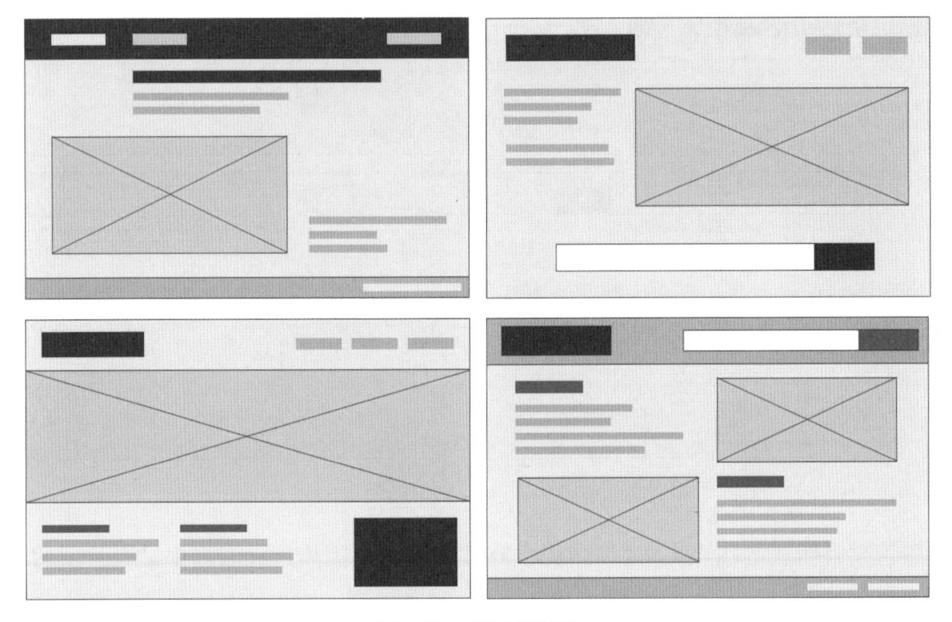

图5-20　Z型布局范例

Z型布局具有较好的行为诱导作用，因此适合用于会员制网站的注册和登录首页，广告类页面或以图片为核心传达信息的页面，与此相对的该布局的局限性在于对文字类信息的传递效率较低。

F型布局的基本原理同样参考了眼动研究，根据研究多数情况下用户浏览网页的视觉动线是从上到下、从左到右的，因此多数时候先看顶部再看左上角，然后沿着左边缘顺势直下，如Z型布局所依据的结果其间虽然会向右侧移动但相对而言关注较少，根据这一原理视觉动线的形状有些类似字母F（图5–21）。

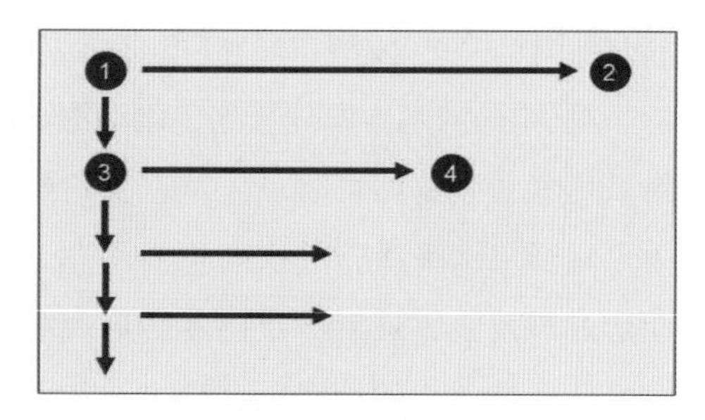

图5–21 F型布局视觉动线

根据用户的视觉动线来规划网页布局，品牌标志和导航是用户对网页的第一印象，最为重要，故应该放在页面的顶部，这是用户对网站的第一印象。页面中的图片更容易获得关注，用户浏览图片后下一个关注点便是标题，对于详细文本多数用户虽然会大致浏览，但较少通读。应用这个规矩，很多设计师会把Logo、文章标题、导航模块或行为召唤控件等元素放在左侧，而右边一般放置一些对用户无关紧要的广告信息。以下是一些F型布局的范例（图5–22）。

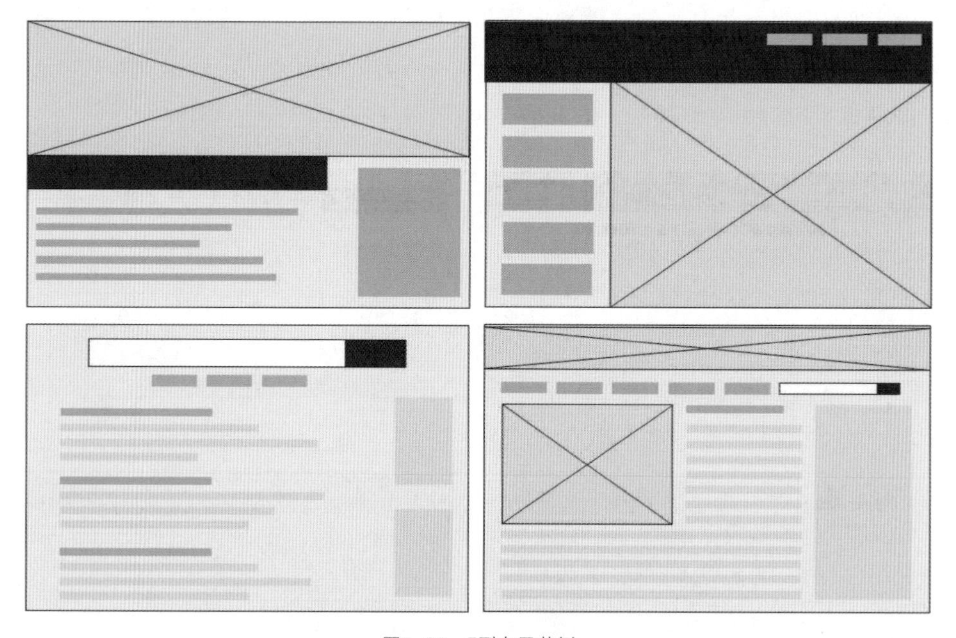
图5–22 F型布局范例

尽管具有明显的优点，但F型布局也有其局限性，因为这种布局中最有价值的内容只能放置在页面顶部，而文本内容除了标题外较难有效吸引用户的注意，这种布局的网页过分注重对图像和标题的包装，虽然满足“标题党”营造视觉冲击吸引眼球的需求，但并不符合内容至上的原则。

在不以文本为中心的网页中Z型布局被较多使用，而文本繁重的页面则更适合使用F型布局，此外还有分隔式布局以及栅格化、黄金分割比、三分法则等各类布局方式和原则，需要进行有针对性的深入了解和学习，但是用户体验设计中的布局方法从根本上而言要求符合用户的感知模式和审美意识。合适的布局可以根据要设计的内容类型来达到独特的目的。这些浏览模式将页面的信息流动起来，帮助观者获得更好的体验。需要注意的是，没有完美的布局方式，采取什么样的布局来规划设计需要根据网页向客户传达的信息内容来确定。

②导航。与计算机端的系统界面和网页有所不同，智能手机因为屏幕尺寸有限且采取触屏操作，在传递信息方面有天然的劣势，需要以更加凝练的方式对信息进行归纳并以合理的导航方式向用户展现。常见的导航方式有三种，即扁平式、列表式、内容主导式。

在扁平式导航的界面中，所有的主要类别都可以从主页进入，用户可以直接从一个类别到另一个类别，常见形式主要包括跳板式、选项卡式、舵式、TAB式等，特点是表现力强且操作简单（图5-23）。

在列表式导航的界面中，所有的主要类别都通过选择导航直达目标页面，进入新页面的步骤可能不止一次，常见形式主要包括分组列表式、扩展列表式、抽屉式、下拉式等，特点是适合内容较长或有次级文字内容的界面（图5-24）。

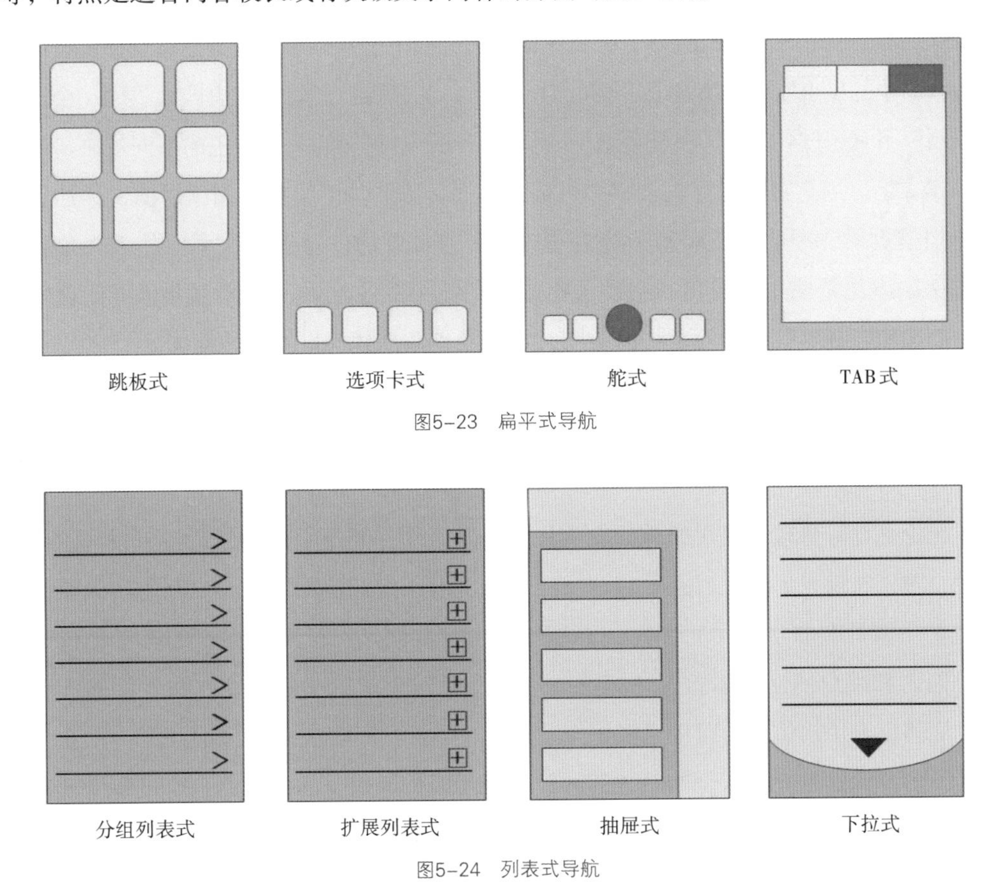

图5-23 扁平式导航

图5-24 列表式导航

内容主导式导航的界面并没有固定的模式，而是根据页面所展示的内容或传达的体验来决定，常见形式主要包括页面轮盘式、陈列馆式、仪表式、隐喻式等，特点是信息结构丰富多彩，其中又以隐喻式导航最为多变，页面布局直接模仿应用的隐喻对象营造出直观而真实的印象（图5-25）。

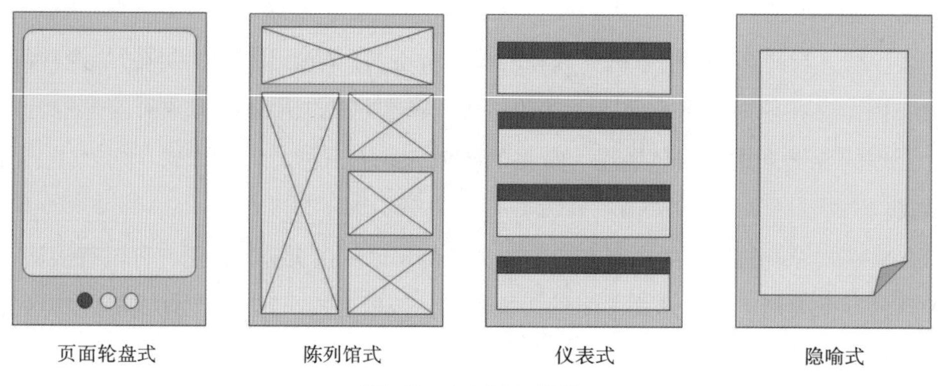

图5-25 内容主导式导航

③配色。配色是用户对页面的第一印象，可以与其他视觉元素配合使用以提高设计中关键信息的重要性。明亮的颜色与暗色或者不饱和色相比更能吸引观众的注意力，对比度较高的颜色看起来更接近观看者，无论信息在界面中怎样排布，这种色彩规律都有助于营造页面中的焦点以传达信息或召唤行为。此外，为确保信息传达的有限性，同一个页面中的颜色不宜超过4或5种，在需要增加变化的情况下，可用同一个颜色的不同层次。

④文字。用户对于计算机端或手机端的页面，除非基于明确的阅读目的，往往更倾向于扫描页面，因此冗长而复杂的表述并不具有良好的信息传达效率。从表述角度而言，文本应尽量使用肯定句和主动语态并避免使用专业术语，这样有助于降低理解难度，而按钮、标签等视觉元素中的文字，应尽量使用描述操作的简洁动词。

5.4.3 提升用户体验的通用原则

无论是计算机端还是手机端的交互设计，基于硬件和技术的限制及与之关联的用户属性，对于布局、导航，以及配色、文字的选择有固定的范围，但是交互细节、操作逻辑随着功能具有非常多样的形式，不易概括。其共同点在于契合用户的思考和行为特征，因而和用户的使用体验息息相关。下面介绍四个常见于各种硬件和软件的操作界面，能够提升用户体验的通用原则。

①形象化的视觉语言。在系统的界面中，用以传递信息的视觉语言应该遵循现实世界的惯例，符合自然思考逻辑。因为用户往往将他们在现实生活中的认知和习惯投入交互行为，如在与数字输入相关的界面设计中，无论是电话拨号键、计算器按键、计算机小键盘、电视遥控器按键乃至ATM数字按键等，多数遵循3×4的数字矩阵。因为相对历史较长的按键式电话机、计算器等导致类似的排列深入人心，而普遍的认知进一步促使

相关产品的设计采取类似模式的界面。诸如智能手机输入法界面、计算器App的按键界面几乎都遵循这个惯例，因为这种视觉语言使用户更便于认知和记忆。

与之相对的例子是，20世纪80—90年代，很多电灯的开关是通过拉绳进行操作的，日本著名的设计师深泽直人受到这种操作方式的启发，为家居百货品牌无印良品设计了一款壁挂式CD播放器，通过模拟拉绳开关的方式进行播放器操作。这款播放器于2000年上市后因为其简洁的外观和直观易懂的操作方式受到一致好评。但随着老式拉绳开关逐渐被按键式开关所取代，通过拉绳进行开关操作的习惯逐渐消失，这款经典的设计在操作逻辑上的趣味感在新一代用户中将难以引起当年的共鸣（图5–26）。

图5–26　壁挂式CD播放器的拉绳开关隐喻老式电灯的人机交互方式

②有助于把握状态的反馈。即使对于自己使用中的产品，用户也往往有各种未知或不确定之处，应该让用户知道自己的操作引发了什么反应并在适当的时间内做出适当的反馈。例如，用户在操作电子产品时，产品可以通过灯光、声音做出反馈，无论是路由器上标记有不同图标或文字的指示灯，还是微波炉被按下按钮后发出的蜂鸣声，都构成对用户的告知信号——尽管现实中部分信号因为设计不合理并没有起到应有的作用；在软件领域，系统中或网页上的各种操作，无论是单击鼠标、敲下键盘还是在界面进行选择，都应该有即时而易懂的反馈——标示的有可能是用户的预期结果，也有可能是即将导向预期结果的等待通知，如进度条、沙漏等隐喻等待的图标。

反馈的存在固然重要，但必须以合适的形式存在才能发挥预期作用。从认知角度而言，当系统在处理某个任务时，显示进度条能够精确提示用户当前所处的状态并给出预期的剩余等待时间，理应比转动的沙漏、光环等图标或“加载中”“请等待”等文字提示更能缓解焦虑，但实际上进度条的估算常常失准，反而加剧了用户的焦虑。近年来，在手机端比较常见的做法是显示简略的界面框架图，相较于单纯的等待，界面框架图通过释放出部分信息使用户对于之后的界面产生初步的感知，可以缓解等待中的焦虑感（图5–27）。

③容错与可撤销。误操作和故障是人机交互中难以避免的，用户体验设计应默认错误和故障的存在，并以此为前提考虑交互方式。例如，错误信息应该用语言准确反馈问

题所在，并且提出建设性的解决方案。试想，比起页面出现“404 error”一类令普通用户一头雾水的表述，告诉用户问题可能出在哪里，并且通过提示和客户服务等方式切实帮助用户，其才能有效应对误操作。同时，对那些困扰于误操作或故障的用户应给予挽回这一局面的出口，如即时聊天工具的撤回与重新发送功能、与信息加载有关的刷新功能，或报错、求助等功能（图5–28）。

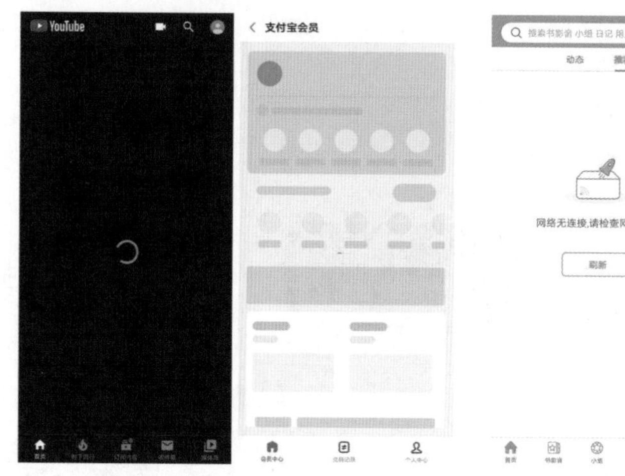

图5–27　不同形式的页面加载画面

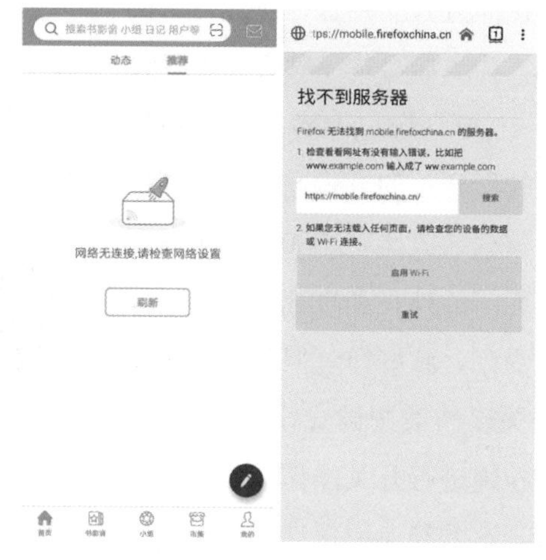

图5–28　报错的页面应给出解决方法

④设计交互方式时的减法原则。即尽量减少用户的思考负荷和动作负荷，动作和选项都是可见和易懂的，尽量不需要系统的使用说明，即使需要也应该是可见或易于获取的。减法法则不仅应用于系统的界面，在工业产品上同样可以得到应用。例如，早期的苹果手机（iPhone）之于安卓（Android）系手机，一个起始键（Home键）相较于记忆多种按键功能的交互方式使iPhone在相当长的一段时间内对Android系手机具有明显优势。后来，随着交互方式的进化，iOS和Android都在其设计规范中定义了标准交互方式，且在两种系统中存在相当数量的重叠或趋同，因为其认知上的自然性和广泛性，被大量引用到各类App的交互方式中成为它们的惯用手势。这种跨系统、跨平台的交互方式趋同和推广有利于用户的认知、记忆和操作。

反之，随着App功能的复杂化，一些独立存在于各App内部的延伸性交互方式可能难以避免，与跨系统、跨平台的交互方式不同，交互设计师会根据产品自身的特点与功能特点进行延伸性交互方式的设计，这种交互方式不限于某个在其他App中无法通用的操作手势，也可能是与以往惯用手势所代表含义完全不同的手势。这不仅会增加学习成本，也有可能引起用户操作习惯的混乱，因此需要在功能的复杂化和交互方式的通用化之间以减法思维进行取舍，强调惯用手势的通用性，尽量减少独立存在或与习惯手势矛盾的交互方式。

用户体验设计作为用户中心设计的有机构成部分之一，还有很多设计方法和用户中心设计之间存在重叠，这些方法将在第6章进行详细介绍。

5.4.4 原型制作的意义

在对任务进行拆解和分析后，进行原型制作不仅是进行具体设计思考的重要方法，也是用户体验设计的必经步骤。原型是设计想法的表达，原型制作指以一定方式对设计师的设计构思进行仿真。在交互设计中原型能够模拟用户与界面之间的交互行为，也可以通过模拟最终产品的运作方式，让设计团队测试其可行性和可用性。本方法专指交互设计中的原型制作，而在工业设计中则分为草图、建模和试制品阶段，因为和一般的工业设计并无二致故不展开详谈。交互设计中的原型制作分为纸面原型、低保真原型和高保真原型，需要根据不同的使用场景、使用人群和项目进度来制作不同保真度的产品原型。

纸面原型通常用于产品早期的概念阶段。当设计团队对于产品的功能及业务场景都处于一个规划阶段，尚没有明确成熟的方案，用户中心设计团队在通过头脑风暴或其他设计方式提出初步构想时，纸面原型可以提供一个能够快速呈现产品雏形且便于修改的原型。纸面原型可以由设计团队中的所有成员一边讨论产品功能，一边在纸面手绘完成。纸面原型能够表达出基本的界面功能及内容布局，可利用基本的几何图形如方框、圆、线段和简单的文字表达产品雏形，只需要让团队成员领会基本布局与设计意图即可。纸面原型的优势在于设计成本低且易于随时修改，在项目早期有很多不确定因素的前提下，可尽量使用这种方式进行探讨（图5–29）。此外，也有将纸面原型和低保真原型归为同一概念的说法。

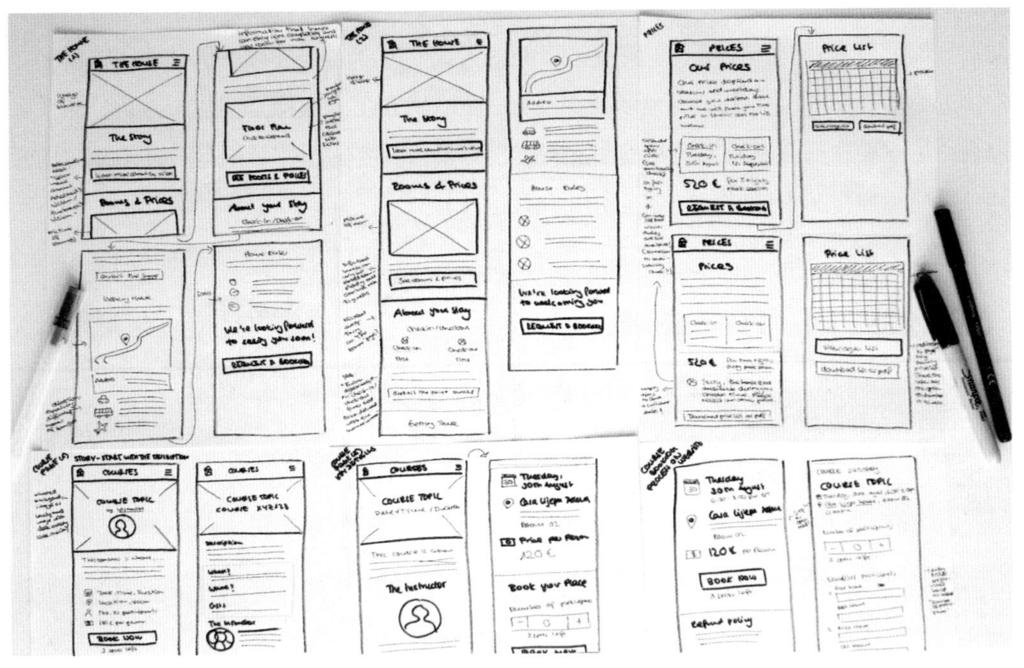

图5–29 纸面原型图例（来源：Martha Eierdanz）

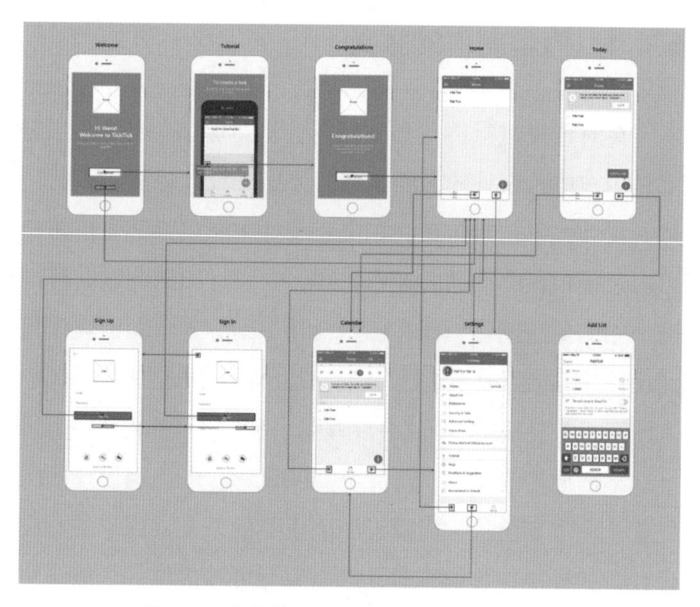

图5-30 低保真原型图例（作者：Hyouk Seo）

低保真原型又被称为线框图（图5-30）。当设计团队明确以后，设计团队可以使用低保真原型快速勾勒出产品的概貌，设计师可以根据前期确定的产品方案树立功能结构和信息结构并根据业务需求推导出详细的功能点。当明确了产品目标、用户需求与特性、功能结构、信息结构和业务需求后即可开始绘制低保真原型。低保真原型可以通过拆分页面、标记每个页面的功能模块及展示信息，来确定每个页面元素的界面布局。与纸面原型相比，虽然低保真原型也经常在纸面完成，但其视觉效果及表意效果更为精确，其中的元素布局及功能模块需要尽量接近上线后的产品。另外，有时可以对低保真原型进行适当修饰，使之能够粗略地表现App的总体视觉效果。

高保真原型常用于设计团队向外部（高层领导、投资人等）进行产品演示，因此高保真原型又可以称为产品的Demo，除了没有真实的后台数据进行支撑外，几乎可以模拟前端界面的所有功能。在向不了解设计思路的人或非专业人士进行展示时，往往需要非常接近线上产品的Demo从视觉显示及交互方式上最大程度地模拟真实使用效果，因此高保真原型需要在低保真原型的基础上进行配色，插入真实的图片及图标，并为相关的元件及页面添加交互事件、配置交互动作（图5-31）。

图5-31 高保真原型图例（作者：王晓然，汪茗茜）

思考题

1. 用户体验的内涵包括哪些具体内容?
2. 同一个产品的硬件部分和软件部分如何对用户体验产生作用? 请举例说明。
3. 从网上选择分别符合F型布局和Z型布局的网页，并结合两型布局的特点介绍网页上想重点传达的信息。
4. 从手机中找出分别符合舵式导航、分组列表式导航及页面轮盘式导航的App界面。
5. 你在使用软件或者App的时候产生过困扰吗? 针对具体的例子，尝试利用提升用户体验设计的原则提出改进思路。

第6章 用户中心设计的常用方法

课题内容： 以ISO 9241—210：2010所定流程为线索，介绍流程中各步骤常用的设计方法。

课题时间： 8课时

教学目的： 帮助学生掌握用户中心设计的不同步骤中常用的设计方法。

教学方式： 课堂讲解理论知识配合课外实践

教学要求： 1.深入讲解用户中心设计的操作方法。

2.以预先拟订的项目为中心，要求学生按照设计流程进行初步的实践。

6.1 用户中心设计方法概述

用户中心设计可以理解为设计师通过规划、获取、提取、表示、转化等不同阶段，将关于用户的信息导入设计构思并用于设计评价的过程。用户中心设计团队在推进项目的时候，需要明确以下问题：需要获得什么数据？如何寻获并收集数据？收集到的数据如何提取信息？信息如何表示才能有效传达设计需求？需求如何转化为具体设计？

以上问题不仅需要具备消费心理学和人因工程学的基础知识，在此基础上形成对用户体验设计的概念，还应该灵活掌握与这些基础知识相关的各种定性与定量的调查方法，将它们应用到用户中心设计的不同阶段。本书第2章根据ISO 9241—210：2010给出了用户中心设计的常见流程，本章将结合第3~5章的学科知识，介绍不同阶段中所用的常见方法。

6.2 分析使用背景的常用方法

分析使用背景的目的在于把握用户特性、任务、设备及使用场景等，对项目需要达成的总体目标进行宏观性的了解。用户特性包括知识、技能、经验、教育、培训、生理特点、习惯、偏好和能力等；任务即为达成目标所需采取的行动，在用户中心设计中分析应站在用户的视角以希望如何达成特定目标为取向进行描述；设备包括硬件和软件，尤其是对UI、系统和服务的设计应建立在明确相关设备和工具的基础上进行探讨；使用环境包括物理环境与社会环境，物理环境包括操作空间的尺寸与布置，以及使用场所的温度、湿度、照度等，社会环境包括习惯、社会文化、组织体制、工作氛围等。

常用的分析使用背景的方法包括访谈法、问卷法、田野调查、PEST模型、SWOT模型、服务蓝图等。

6.2.1 访谈法

访谈法是指访问者通过和受访者交谈来了解受访者心理和行为的心理学基本研究方法。根据不同标准，访谈法又包括多个细分类型。

根据访谈内容可分为结构型访谈、半结构型访谈和非结构型访谈。结构型访谈也称标准式访谈，指访问者按事先设计好的访谈提纲依次向受访者提问并要求受访者按规定标准进行回答，其特点是访谈提纲的标准化可以把调查过程的随意性控制到最小限度，能比较完整地收集到研究所需要的资料。非结构型访谈也称自由式访谈，指事先不制订完整的调查问卷或详细的访谈提纲，也不规定标准的访谈程序，而是由访问者按一个粗线条的访谈提纲或某个主题范围与受访者交谈，这种相对自由和随便的访谈较有弹性，能根据访问者的需要灵活地转换话题、变换提问方式和顺序并追问重要线索，所以收集的资料比较深入、丰富。半结构型访谈则处于两者之间，通过中等完备程度的调查资料和提纲进行提问，并伴有一定限度的话题切换与少量追问，故兼有结构型访谈和半结构型访谈的部分优点。

根据访谈方式可分为个别访谈、集体访谈和访问型访谈。个别访谈又被称为一对一访谈或深度访谈，是访谈调查中最常见的形式，指访问者对每一个受访者逐一进行单独访谈，其优点是访问者和受访者直接接触，有利于受访者详细、真实地表达其看法，访问者与受访者有更多的交流机会，受访者更易受到重视、安全感更强，访谈内容更易深入。集体访谈又被称为团体访谈，指由一名或数名访问者召集受访者就调查内容进行座谈的调查方式，其优点是可以集思广益、互相启发、互相探讨，而且能在较短的时间里收集到较广泛和全面的信息。访问型访谈又被称为定点预约访谈，指访问者根据访问需要去特定地点拜访受访者并进行访问，其优点是可以让受访者在与访问主题有关的地点接受访问，具有高度的临场感，或者可以和观察法等方法结合使用，获得更加接近客观事实的回答。

根据人员接触情况可分为面对面访谈、电话访谈和网络访谈。面对面访谈也称直接访谈，指通过访谈双方面对面的直接沟通来获取信息资料，是访谈调查中一种最常用的收集资料的方法，其优点在于访问者可以看到受访者的表情、神态和动作，有助于了解更深层次的问题。电话访谈是一种间接访谈，指访问者通过固定电话或手机向受访者收集信息资料，其特点是可以减少人员来往的时间和费用，提高了访谈的效率，但不如面对面访谈那样灵活、有弹性，不易获得更详尽的细节，且难以控制访问节奏与环境。网络访谈也属于间接访谈，指访问者与受访者用文字进行交流的调查方式。其特点是用书面语言进行，便于资料的收集和分析，但同电话访谈一样存在难以控制细节的问题，且受到受访者文字输入熟练度及计算机配备、通信条件的限制，在一定程度上也限制了受访者范围。

根据调查流程可分为横向访谈和纵向访谈。横向访谈又被称为一次性访谈，指访问者在同一时段对某一研究问题进行的一次性收集资料的访谈，其特点是抽取一定的受访者样本，访谈内容以收集事实性材料为主，常用于定量研究。纵向访谈又被称为多次性访谈，指访问者多次收集固定研究对象有关资料的跟踪访谈，其特点是对同一受访者样本进行两次及以上的访谈。纵向访谈作为一种深度访谈，用于对问题展开由浅入深的调查以探讨深层次的问题，常用于个案研究或验证性研究，属于定性研究。

通过访谈法，我们可以理解产品或服务的使用背景，这将成为推进下一步调研及后续设计的基础。访谈法是设计调研中最常见的几种方法之一，不仅可用于分析使用背景，后续也可用于分析用户要求以及进行设计评价。

6.2.2 问卷法

问卷法是指通过制订详细周密的调查问卷，要求调查对象据此进行回答以收集资料的方法。调查问卷是一组与研究目标有关的问题，或者是一份为进行调查而编制的问题表格，又被称为调查表。调查者借助调查问卷对调查对象的价值取向、社会活动或对某一具体事物的态度加以收集、整理，应用统计方法进行定量描述并对统计结果加以分析，获得相应的结论。根据不同标准，问卷法又包括多个细分类型。

根据问卷载体的不同，可将问卷调查分为纸面问卷调查和网络问卷调查。纸面问卷调查即传统的问卷调查，指调查者通过人工分发并回收纸面问卷，其特点是通过对发放和回收程序的管理可以保证较高的答卷质量，但成本较高且整理与分析结果比较麻烦。网络问卷调查，指调查者使用在线调查问卷网站或程序发放并回收网络问卷，其特点是无地域限制，成本相对低廉，但答卷质量无法保证。

根据问题种类的不同，可将问卷调查分为封闭式问卷调查和开放式问卷调查。封闭式问卷调查又被称为结构型问卷调查，指在提问的同时提供若干答案选项，由回答者根据自己的实际情况选择答案，其特点是问题填答方便、节省时间和精力，所得资料便于统计分析，但因信息的获取有明确的指向性，无法获得调查者预想范围外的信息，因此封闭式问卷调查多用于验证性研究。开放式问卷调查又被称为无结构型问卷调查，指问卷项目的设置和安排没有严格的结构形式，由调查对象自行构思、自由填写，其特点是可以收集到范围比较广泛的资料并较为深入地发现和探究调查对象的意见和观点，但收集到的资料很难量化，难以进行统计分析，因此开放式问卷调查较少被单独使用，往往在需要对某些问题做进一步深入调查时与封闭式问卷调查配合使用，或用于探索性研究。

问卷法有助于系统化收集与产品、服务使用背景相关的信息，缜密的问卷调研可以成为用户中心设计前期的重要一环。问卷法和访谈法同为调研最常用的方法之一，可用于分析使用背景、分析用户要求、设计评价等多个阶段。

6.2.3 田野调查

田野调查又被称为实地调研、现场研究，指深入实地考察人类活动，通过观察和访谈等方法对原始信息加以记录的调查方法。田野调查可用于人类学、民族学、民俗学、语言学、考古学、生物学、社会学等众多学科，在设计学领域也得到广泛应用。田野调查可分为五个阶段：准备阶段、开始阶段、调查阶段、撰写调查研究报告阶段、补充调查阶段。

田野调查在准备阶段，需要参考事前做好的调查计划，根据调查目的选择具有代表性的调查点，并调查、熟悉调查点的相关情况，根据调查目的和实际情况撰写详细的调查提纲和设计调查表格。在开始阶段，应做好和调查点之间的提前沟通工作，以确保田野调查顺利进行，并在调查点对观察对象进行进一步的筛选。在调查阶段，通过参与、观察与深度访谈等方法对观察对象进行细致入微的接触、观察、交流和询问，并对调查计划中和计划外的有用信息进行记录、整理与核实。在撰写调查研究报告阶段，根据调查计划并参考调查中的实际发现，将经过整理、核实的信息体系化地汇总起来，撰写成为调查研究报告。在必要的情况下，也有可能进行补充调查并据此对调查研究报告进行修正和补充。

田野调查的过程中需要注意以下的细节：合理的时间安排，虽然长期的实地调研有助于收集更详尽的信息，但实际操作中应配合项目进度需要以效率优先；合理的资金安排，不仅包括交通和在当时的生活支出，预备合理的谢礼也有助于寻找调查对象；对于伦理和知情权的重视，在调查前需要为调查对象解释调查的目的、概况和对结果的利用方式，并且以书面形式签下同意书以避免纠纷，同意书上应包括调查对象的单位、姓名、联系方式、调查内容、记录方式及调查结果的利用方式等；合适的记录方式，照相机、录音笔、摄影机等记录器材虽然有助于记录大量原始资料，但是考虑到可能对调查对象造成心理上的压迫，获得调查对象的知情和许可后，在设置和使用相关器材时为了尽量避免调查对象因录音、录像产生的不自然，应尽量将器材置于隐蔽的位置；技巧性的态度，对于调查对象要尊重其隐私，在建立足够的信任后再谈及隐私问题；展现同理心，不轻易对调查对象的观点和行为进行个人判断；启发式的发问技巧，调查者应避免因固有观念导致提问中出现诱导，或者调查对象过于浅显地回答，应注重逐步启发调查对象在自行思考问题的本质的基础上予以回答。

6.2.4 PEST模型

PEST模型是从政治（Politics）、经济（Economic）、社会（Society）、技术

（Technology）四个方面，基于战略眼光分析企业外部宏观环境的思维模型。PEST模型从各个方面把握宏观环境的现状及变化的趋势，对于对象业务的前景进行预判，强调对它有利于业务开展的外部环境加以利用，对可能威胁业务的外部环境及早避开。

政治因素指一个国家或地区的政治制度、体制、方针政策、法律法规等方面。这些因素对企业长期的投资行为有着较大影响，也决定了是否可以针对一些产品或服务投入资源进行研发。经济因素指企业在制订战略过程中须考虑的国内外经济条件、宏观经济政策、经济发展水平等多种因素，在产品或服务层面，居民可支配收入、就业率、市场需求等往往决定了其是否存在市场发展空间。社会因素主要指组织所在社会中成员的民族特征、文化传统、价值观念、宗教信仰、教育水平以及风俗习惯等因素。技术因素则指企业的业务、产品，或服务所涉及地区的技术水平、技术政策、新产品开发能力以及技术发展的动态等（图6–1）。

图6–1　PEST模型

任何产品、服务的设计和推广都需要在一定的社会和市场环境下进行，无视政治和经济环境、忽略技术发展现状，或对社会舆论和文化传统未给予足够的重视，都有可能导致设计项目的失败，PEST模型是用于解决相关问题的重要工具之一。

6.2.5　SWOT模型

SWOT模型又被称为道斯矩阵、态势分析法，指基于内外部竞争环境和竞争条件下的态势分析，将与对象业务密切相关的各种主要内部优势、劣势和外部的机会和威胁等通过调查列举出来并依照矩阵形式排列，然后用系统分析的思想把各种因素相互匹配分析并从中得出战略性结论的思维模型。运用SWOT模型，可以对研究对象所处的情景进行全面、系统、准确的研究，从而根据研究结果制订相应的发展战略和管理对策等。

SWOT模型中的四个字母，S（Strengths）是优势、W（Weaknesses）是劣势，O（Opportunities）是机会、T（Threats）是威胁。按照企业竞争战略的完整概念，战略应是“能够做的”（即组织的优势和劣势）和“可能做的”（即环境的机会和威胁）之间的有机组合，SWOT分析法在用户中心设计中的应用是从结构分析入手对项目本身的外部环境和内部资源进行分析，强调设计团队应在对业务面临的内、外环境（如企业与团队在某个领域的资源、来自其他公司及产品的竞争态势等）进行正确评价的前提下，以合适的策略将设计重心投入正确的方向。

当用户中心设计团队在规划某项目、产品采用的策略时，可利用SWOT模型对该领域的内、外环境进行准确评估。当结果显示企业与团队的优势与外部机会相互一致或适应时，应该敏锐地捕捉机会，利用资源优势在该领域对竞品形成优势，从而获得最大限度的发展；当环境提供的机会与内部资源优势不相适合，企业和团队需要提供和追加资源，以促进内部资源劣势向优势方面转化或对于强势的竞品暂时采取模仿、追随战略，在徐图改进和赶超的前提下暂时利用机会回避弱点；当环境状况对现有优势构成威胁时，需要团队集中全力将资源优势转化为相对于竞品的竞争力优势，从而利用优势降低威胁；当内部劣势与外部威胁相遇时，需要对产品的开发项目进行收缩合并，以最大限度减小损失。总体而言，SWOT模型是通过竞品分析决定策略的思考工具，而非设计实践的创意工具（图6-2）。

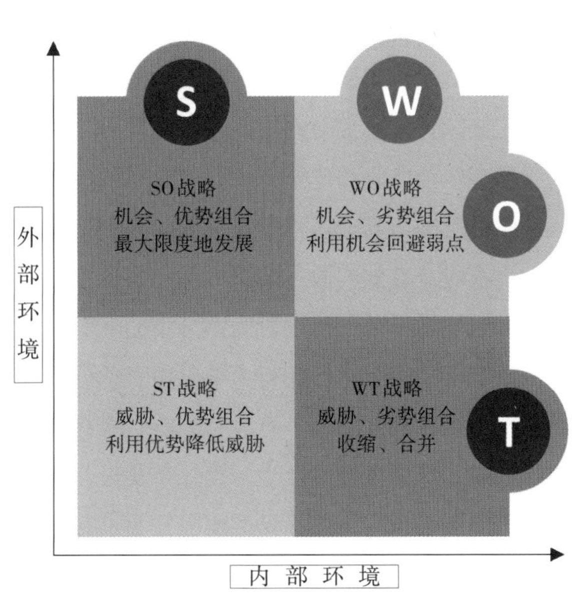

图6-2　SWOT模型

6.2.6　服务蓝图

服务蓝图（Service Blueprint）可追溯到20世纪80年代，美国学者林恩·肖斯塔科（G.Lynn Shostack）等人将多学科交叉的研究成果应用于服务设计领域并提及“服务蓝图”的概念。服务蓝图是详细描画服务系统的图片或地图，可以于直观上同时从几个方面展示服务：描绘服务实施的过程、接待客户的地点、客户雇员的角色及服务中的可见要素。服务蓝图提供了一种把服务合理分块的方法，再逐一描述过程的步骤或任务、执行任务的方法和客户能够感受到的有形展示。蓝图包括有形展示、客户行为、前台工作、后台工作和服务支持。绘制服务蓝图的常规并非一成不变，因此所有的特殊符号、蓝图中分界线的数量，以及蓝图中每一组成部分的名称都可以因其内容和复杂程度而有所不同。

有形展示包括客户能感受到的各种服务触点、事件，如App、线下门店、其他实体事物等。客户行为部分包括顾客在购买、消费和评价服务过程中的步骤、选择、行动和互动。例如，在旅行社提供的服务中，客户行为包括决定找旅行社、搜索旅行社、通过电话或网络咨询、商量具体行程和收费标准、缴费并登记。与客户行为平行的部分是各类服务工作，那些客户能看到的服务人员表现出的行为和步骤为前台工作，如在旅行服务中客户可以看到旅行社客服人员和导游的工作，并且产生各种与旅行服务相关的互动；发生在幕后用于支持前台员工行为的雇员行为称为后台工作，如服务人员在幕后所做的各种准备，包括规划线路、预订车票和景点门票、预订旅馆和餐饮等工作都属于这一部分。蓝图中的服务支持部分包括内部服务和支持服务人员履行的服务步骤和互动行为。在上例中，任何支持性的服务，诸如由受雇人员所进行的App或网站的开发与维护、与特定旅馆订立长期合约、联系当地导游公司、旅行社所属车辆的整备与维修及其他准备工作都包括在此部分中。

服务蓝图与其他流程图最显著的区别是其包括了顾客及其看待服务过程的观点。实际上，在设计有效的服务蓝图时最值得借鉴的点是从顾客对过程的观点出发，通过逆向工作导入实施系统，每个行为部分中的框图表示相应水平上执行服务的人员执行或经历服务的步骤。四个主要的行为部分由三条分界线分开。第一条是互动分界线，表示顾客与组织间直接的互动，一旦有一条垂直线穿过互动分界线，即表明顾客与组织间直接发生接触或一个服务接触产生。第二条是极为关键的可视分界线，可以通过这条线对顾客能看见的服务行为与看不见的服务行为进行区分，看蓝图时从分析有哪些服务在可视分界线以上发生、多少在分界线以下发生入手，可以很轻松地得出顾客是否被提供了很多可视服务，这条线还把前台服务与后台服务分开，如在提供旅行服务时，服务人员既进行服务销售和客户咨询等前台工作，也进行规划路线、预订车票等后台工作。第三条是内部互动分解线，用以区分服务人员的工作和其他支持服务的工作和工作人员，垂直线穿过内部互动分界线代表发生内部服务接触（图6–3）。

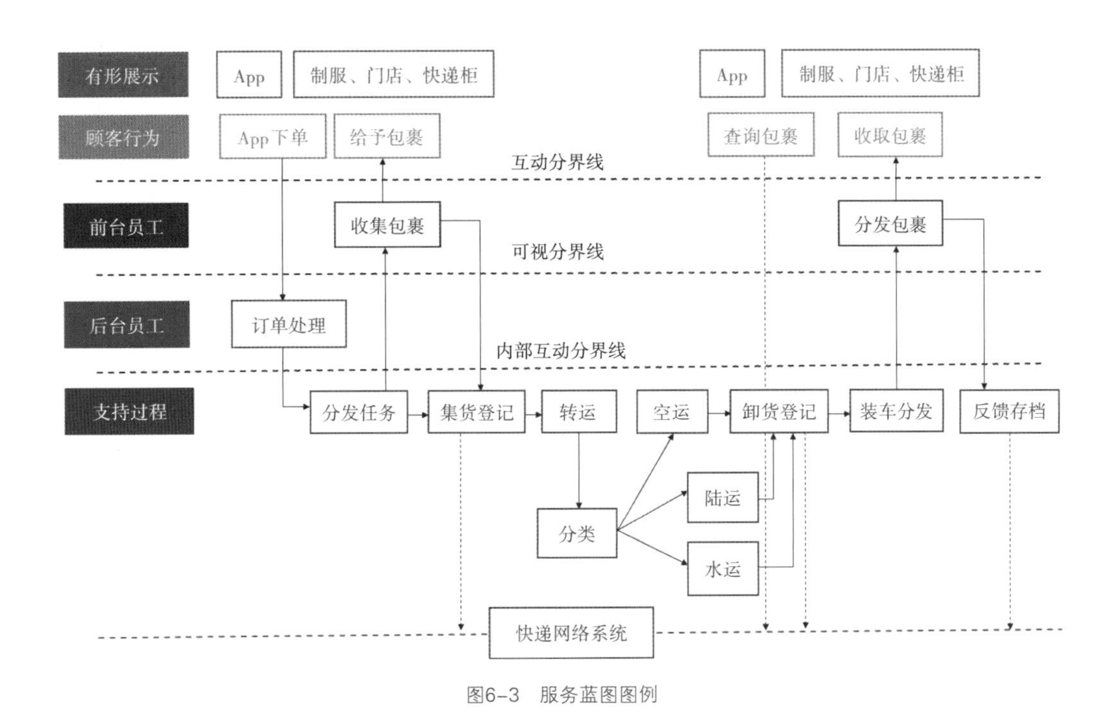

图6-3　服务蓝图图例

6.3　分析用户要求的常用方法

分析用户要求的目的通常是理解用户目标和用户特性。用户目标揭示了用户使用产品的动机，以及通过产品可能实现的用户价值；用户特性则明确了受用户自身生理、心理及社会属性所约束的产品特征。

用户研究的首要目的是帮助企业定义产品的目标用户群，明确、细化产品概念。通过对用户的任务操作特性、知觉特征、认知心理特征的研究，使用户的实际需求成为产品设计的导向，使产品更符合用户的习惯、经验和期待。其方法吸收借鉴了人文社会科学的各种方法，目的是给用户，包括设计师和产品用户带来最佳的使用体验。对用户研究方法的研究能帮助研究员、设计师快速找到所需要的方法，使企业更快、更有效地确定目标用户群，提高用户研究的效率。

常用的用户研究方法包括情境访谈、5W2H分析法、利益攸关者地图、KANO模型、用户画像、故事板等。

6.3.1　情境访谈

情境访谈指在使用场景中通过对调查对象进行观察和访谈获得更为自然和真实的反

馈。情境访谈的主要特征是发生在真实场景中，不是简单的访谈也不是简单的观察，需要调查者观察调查对象如何在实际场景中执行任务，并且让他们谈论自己正在做的事情及其所思所感。从具体方式而言，情境访谈应先设定或选择一定的使用场景，调查者应亲历用户（即调查对象）自主完成使用的全过程，观察他们在使用过程中表现出的一些具有特征的行为，对此就用户的行为意图进行提问并进行简短的讨论，并予以记录，之后继续回到使用过程中直至发现下一次具有特征的行为并再次发问，直至用户完成预设任务。

情境访谈与一般访谈的重要区别是调查对象在研究过程中必须发挥更为积极的作用，在传统访谈中，调查对象基本上是一个消极的角色，其等待调查者提出问题然后回答，而情境访谈需要调查对象承担专家的角色，并通过演示和谈论他们的任务来主导研究过程。情境访谈因为其互动方式的自由问答特性使调查者可以从调查对象的使用过程中发现新的认识，而这种认识往往不为调查对象自己所意识到，因此在传统的访谈中难以获取。

6.3.2 5W2H分析法

5W2H分析法又被称为七问分析法，指用5个以W开头的英语单词和2个以H开头的英语单词进行设问，通过一系列的设问整理思路、发现线索、构思设计，从而规划出有针对性的解决方案。5W2H具体为What（是什么？做什么？）、Why（为什么要做？）、Who（由谁来做？）、When（什么时候做？）、Where（在哪里做？）、How（怎么做？如何实施？）、How Much（做到什么程度？费用产出是多少？）。5W2H分析法易于理解、使用，富有启发意义，被广泛用于企业管理和技术活动，有助于设计团队在设计过程中加深对用户使用背景的理解，减少设计思考中的盲点。

当设计团队需要针对用户的要求进行梳理时，固然可以采用5W2H分析法，在其他阶段，如分析使用背景、思考设计方案时同样可以使用。其核心在于回归设计的本质，让设计团队的成员站在用户立场，思考他们在可能的情境下通过产品或服务希望实现什么样的价值。纷繁的语言修饰或许会掩盖本质，此时以最简单的问题挖掘核心内容，是一种高效的思考方法。

6.3.3 利益攸关者地图

在用户中心设计的思考中，所谓利益攸关者（Stakeholder）指会受到某产品或服务的影响的人、群体和组织。利益攸关者地图（Stakeholder Map）则是通过研究、讨论和分析的方法，利用视觉化的方式将利益相关者之间的关系表达出来，也可以根据特殊的需求，增加影响力、价值交换等。作为一种分析工具，利益攸关者地图旨在阐明角色和关系。它用于发现与项目（也可能是产品或服务）有利害关系的个体或者组织，并且将这些个体和组织根据与项目的关联性，对项目的影响力，重要性分级别。通过分析各组织和个人之间的相互作用与关系，找出对项目最重要的某个或多个主要研究对象。

生成利益攸关者地图时，应将所有和项目相关的个人、群体、组织都列举出来，还可能需要通过头脑风暴挖掘潜在的利益攸关者，根据结果将每个利益攸关者都标注出对应的观点、想法和预期。然后，根据项目的内容和具体需求对他们进行分组，按照利益攸关者与项目之间关系的紧密程度将他们放入同心圆结构的利益攸关者地图，并标注他们的等级，大致可分为伙伴、首要利益攸关者、次要利益攸关者，在地图中可以将个体、群体和企业的诉求标注在相应的图标下，可以方便设计师在解决问题的时候，清楚利益攸关者的需求。此外，在利益攸关者之间会存在某种联系，因此可以在必要时选择在地图中将具体的关系用连线的方式加以表达（图6-4）。

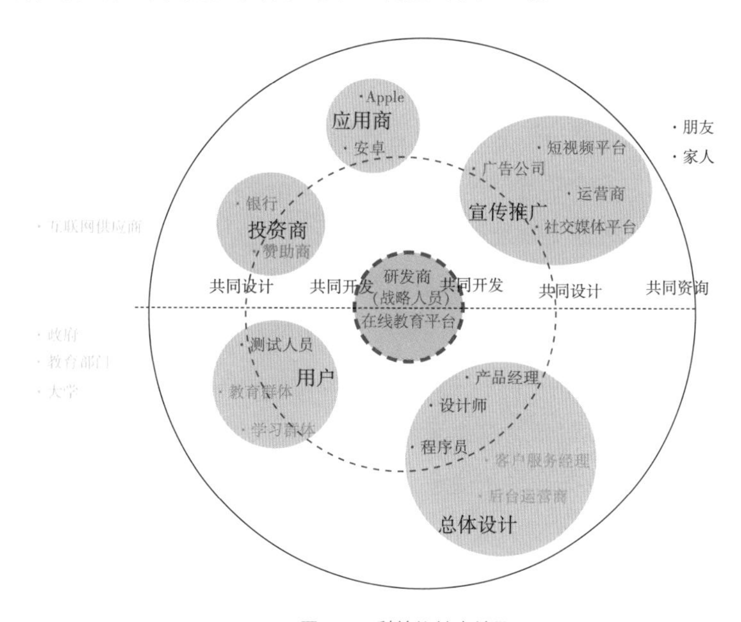

图6-4 利益攸关者地图

利益攸关者地图有助于精准锁定需要关注的群体及其需求，并以此推动项目或改进产品、服务，因此在设计项目的早期阶段就可以导入。此外，为了更加贴近现实，设计团队可以邀请项目的直接利益相关者参与共创，这将有助于更精准地定义各种利益攸关者并提高项目的质量。

6.3.4 KANO模型

KANO模型由东京理工大学教授狩野纪昭（Noriaki Kano）发明，该模型主要是对用户需求分类和优先级进行排序，通过分析用户对产品功能的满意程度对产品或服务的功能进行升级。KANO模型实施的主要形式通过问卷进行调研完成，这是一个典型的定性分析模型，一般不直接用于测量用户的满意度，而是询问用户对相关功能的接受程度。

KANO模型根据用户对功能的满意度将功能可划分为五个属性，即魅力属性（A）、期望属性（O）、必备属性（M）、无差异属性（I）、反向属性（R）。魅力属性指产品或服务所具有的该属性并不在用户预计中，若不具备该属性用户满意度不会降低，但若具备的话用户满意度会有极大提升。期望属性指具备该属性时用户满意度会提升，反之用户满意度会降低，期望属性体现了产品或服务的竞争能力，较为合适的做法应该是注重加强期望属性相关的功能。必备属性指当不具备该属性时用户满意度会大幅降低，但强化该属性时用户满意度并不会得到显著提升，此类属性关系着用户的核心需求，也是产品或服务必须具备相关的功能以避免流失用户。无差异属性指用户根本不在意相关需求，对用户体验毫无影响。反向属性指用户对相关功能根本没有需求，提供后用户满意度反而下降。

使用KANO模型的调研问卷中，针对每个功能或需求均设置正向和负向两个问题，正向测量的是用户在面对具备该功能时的满意度，负向测量的是用户在面对不具备该功能时的满意度，问题的答案一般采用喜欢、理应如此、无所谓、勉强接受、我不喜欢五级选项进行评价。根据每个功能的属性分类百分比对照表，计算出满意系数（Better）和不满意系数（Worse），表示某功能可以增加满意或者消除很不喜欢的影响程度，表中对应属性相同位置的百分比累加，其中满意系数和不满意系数的计算方式如下：

增加后的满意系数：Better/SI=（A+O）/（A+O+M+I）

消除后的不满意系数：Worse/DSI= −1 ×（O+M）/（A+O+M+I）

公式中的Better系数可以理解为满意系数，Better的数值通常为正，代表如果提供某种功能属性则用户满意度会提升，正值越大 / 越接近1表示对用户满意度的影响越大。Worse系数可以理解为不满意系数，其数值通常为负，代表如果不具备某种功能属性则用户的满意度会降低，值越负向/越接近 −1表示对用户不满意度的影响最大。最后根据Better−Worse系数值将散点图分为四个象限，以确立需求优先级。四象限图中，位于第一象限的属性为期望属性，位于第二、第三、第四象限的则分别为魅力属性、无差异属性和必备属性（图6−5）。

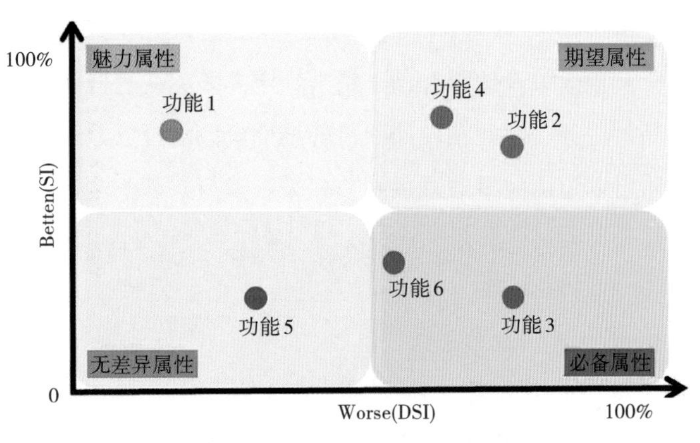

图6−5　经KANO分析所得四象限图

6.3.5 用户画像

用户画像又被称为用户角色，指基于访谈调查、问卷调查或数据挖掘等方式获得的用户相关信息来勾勒目标用户，从用户诉求推导设计方向。因为每一个产品都是为特定群体服务的，因此明确这一特定群体（即目标用户）的特征是用户中心设计的出发点之一，通过用户画像对目标用户的典型形象进行描述，可以使产品的设计方向更加聚焦（图6-6）。

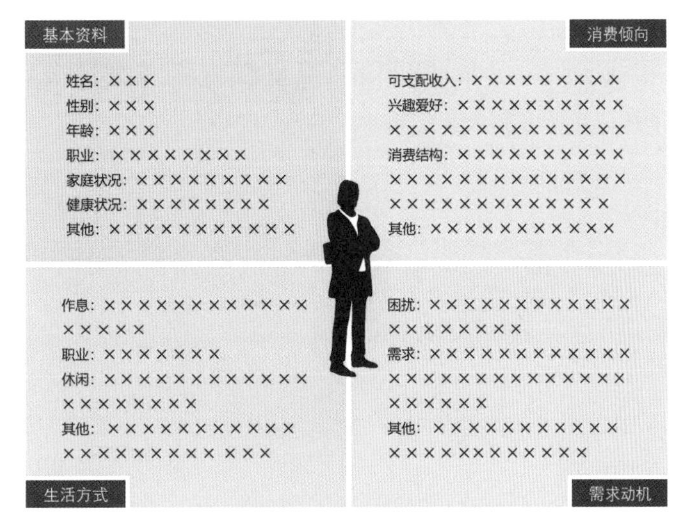

图6-6 用户画像图例

6.3.6 故事板

故事板指通过可视化的剧本描绘用户在特定使用场景下和产品之间的交互关系，这里的使用场景指用户在使用产品时置身的环境、所处的状态及行动的情境。故事板的作用是解构使用场景并使其可视化，突出其中重要的阶段供设计团队加深对用户和产品的理解。根据表现形式，可以将故事板分为文字故事板和图形故事板。

文字故事板指如同撰写剧本一般，通过文字表现用户的使用场景。文字故事板并不需要长篇的细致描写，仅使用简单的语言描述人物角色、情境及用户使用情景，同时尽量避免给出具体的用户行为和交互动作。合理的文字故事板应该包括用户信息（可理解为文字版的用户画像）、用户目标（用户通过使用产品希望达到的各类目标）、故事的触发点及关键事件、事件的完结点及用户对此流程的反馈。好的故事板可以贯穿整个产品设计过程，模拟用户和产品的交互情景，用于对设计的构思和评估。

图形故事板指通过连环画的形式表现用户的使用场景，是形象表达产品使用场景的最佳手段。通过图形故事板，用户可以像看漫画一般融入对使用场景的想象中。在图形故事板中，用户通过一连串的用户行为，连接成一个完整的用户场景。图形故事板的篇幅虽然没有特别限制，但原则上要求简明扼要，以四格故事板和九格故事板较为常见。图6-7是九格故事板的表现形式之一，此外也有很多别的表现形式，可根据设计团队的实际需要进行选择。

1. 用户画像	2. 现存问题点	3. 产品 / 服务概要
4. 导入方法	5. 使用场景一	6. 使用场景二
7. 使用场景三	8. 客户的主要目标	9. 客户的次要目标

图6–7 九格故事板

故事板在用户中心设计中是继用户画像之后的最重要的实用性工具之一，通过故事板绘制的关键使用场景有利于设计团队理解用户目标和行为模式，避免因闭门造车造成用户体验方面的失败，还可以使一些模糊的用户需求更加具象、更有说服力，在设计构思和设计评价中发挥着巨大的作用。

6.4 提出设计方案的常用方法

在提出设计方案阶段，用户设计团队需要根据使用场景、用户要求等将设计要素明确化并进行初步的概念设计，此后根据概念构思具体方案，进行原型设计，同时通过目标用户在项目中的深度参与较早阶段获取设计反馈，按照用户的反馈反复更改设计直至合理。

这个阶段需要设计团队基于多学科的背景进行分析、构思与设计，不仅需要从前两个阶段的分析结果中提炼设计策略，还需要综合竞品分析结果、市场现状和项目资源对设计策略进行调整，和参与项目的目标用户共同进行设计思考。

常用的设计思考方法包括鱼骨图、卡片分类法、Yes / No法、客户旅程图、生态系统地图、精益画布等。

6.4.1 鱼骨图

鱼骨图又称为因果图或石川图，指将特定问题与其原因按相互关联性整理成图形，探索可能导致问题的潜在因素，该图形看上去形似鱼骨故称鱼骨图。鱼骨图中，将结果或问题标记在鱼头的位置，对于引发结果的要因按照层次标记在鱼骨上长出的鱼刺位置，其有助于说明各种要因如何影响结果（图6–8）。

用户中心设计团队利用鱼骨图对项目需要解决的问题进行分析时，首先，应针对问题点选择分类方法（如用户、功能、环境、服务等），通过头脑风暴等方法找出各类别的所有相关要因，并进行归类整理以明确其从属关系。其中大要因多为问题点的分类，故使用中性词描述；而中要因是可以直接发现的问题点，小要因是中要因产生的根源，对其应深入分析至可以直接发现对策，故对中、小要因多使用价值判断。其次，在分析完各类要因并以此绘制鱼骨图时，绘制完鱼头、主骨及鱼头位置的问题后，与主骨保持60° 夹角画出大骨并填写大要因，并按同样规则依次画出中骨、小骨，并填写中、小要因，同时注意中骨与主骨保持平行。

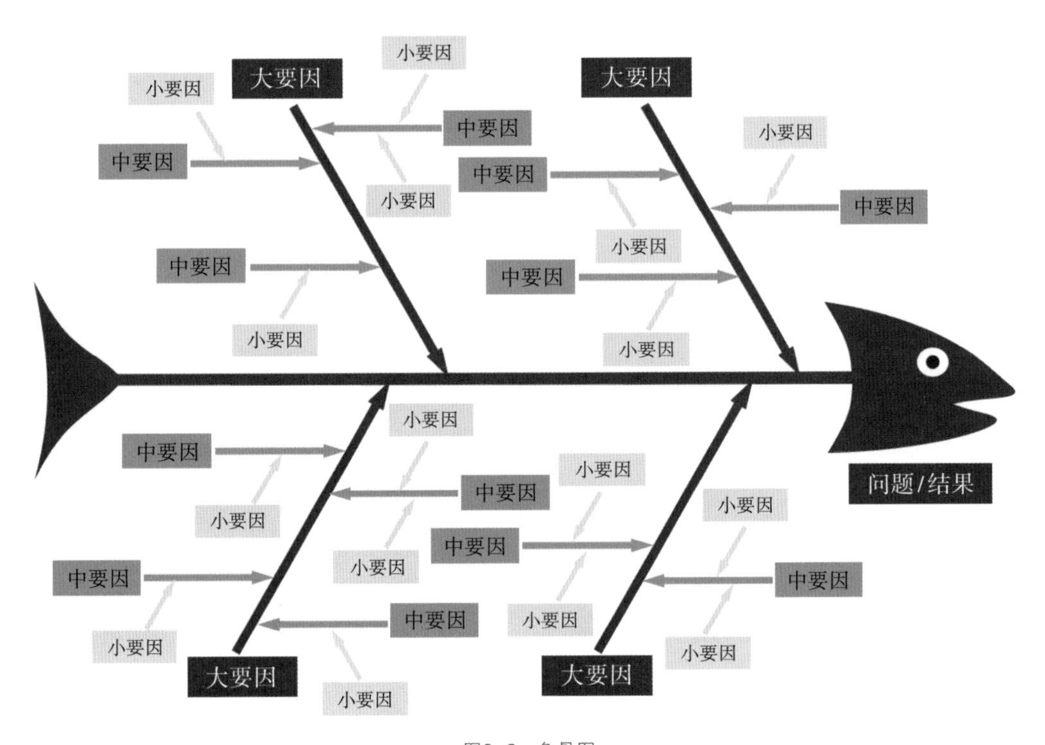

图6–8 鱼骨图

6.4.2 卡片分类法

卡片分类法指通过让用户对写有信息结构中代表性元素的卡片进行分类，进而分析用户期望或思考架构的研究方法。在系统和UI设计中，卡片分类法在设计规划的初期被用于调研符合使用者习惯的信息架构，为用户中心设计团队设计用户体验较好的导航、菜单及分类提供帮助。卡片分类法可以用于网站或应用的导航、信息架构等项目，也可以用于文档、电子书籍的结构整理或是文件的分类管理等。以上应用场景的共同特点为具有信息的核心入口，信息量大，信息种类繁多。其目的在于改善信息的分类或组织，让用户能快速找到自己所需的信息，降低用户学习成本，提升产品的使用体验。

卡片分类法分为开放式卡片分类和封闭式卡片分类。开放式卡片分类指为测试用户提供带有设计素材但未经过分类的卡片，让他们自由组合并且描述出摆放的原因。开放式卡片分类能为新的或已经存有的系统和UI提供合适的基本信息架构，其优点在于用户可以按照自己的方式分类卡片和命名某一类卡片。缺点是没有固定标签，用户可能会对每组的分类和命名有多种理解或分类，耗时耗力（图6-9）。封闭式卡片分类指为测试用户提供系统当前的分组，然后要求其将卡片放入这些已经设定好的分组中。封闭式卡片分类主要用于在现有的结构中添加新的内容或在开放式卡片分类完成后获得额外的反馈，其优点在于降低了用户的分类难度以及学习成本。缺点是不能探索用户期望创建什么样的分组（图6-10）。

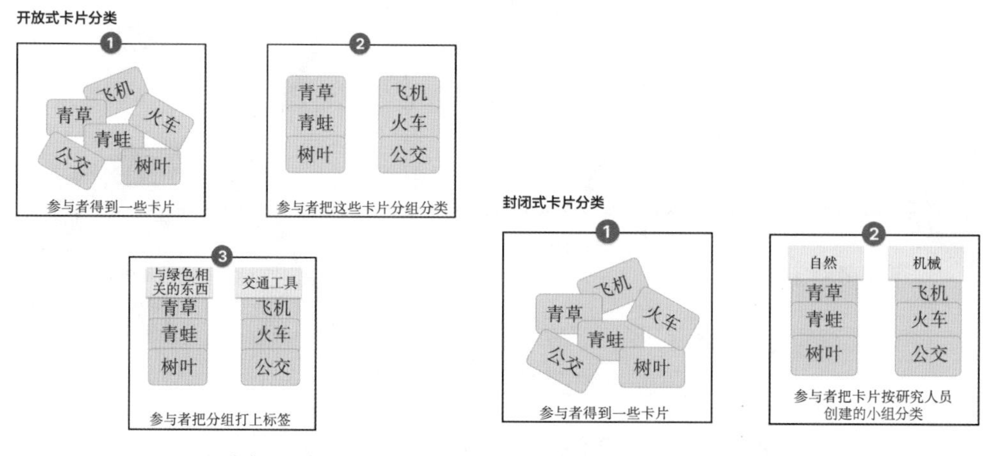

图6-9 开放式卡片分类图例

图6-10 封闭式卡片分类图例

开放式与封闭式各自有其优缺点，如果能充分结合二者的优势，避免二者的劣势，也许能挖掘到更多信息，结合方式为先开放后封闭的卡片分类法（即先探索再验证）。根据不同的目的可以有不同的结合方式，这种结合方式既可对信息架构师的框架进行充分的验证，也可对用户希望创建的分组进行探索，了解用户希望创建的新标签，进而构建用户对信息的认知方式，比较用户心中对信息架构的理解和网站实际信息架构的差异。

6.4.3　Yes/No法

Yes/No法指在竞品分析中将各种竞品必要的功能列出并做成功能一览表，对于具有该功能点的产品标记为“Yes”（或代表相同意思的“√”及其他符号），没有该功能的标记为“No”（或代表相同意思的“×”及其他符号），根据表格标记结果对比分析竞品之间功能差异的方法。有时候在功能一览表中未必全部用“Yes”和“No”字样来标注，对于一些功能得到部分实现或存在其他问题的情况，也可能通过其他符号或添加备注的方式加以补足。Yes/No法的操作方式简单明了，对比分析结果一目了然，其作用虽然不限于功能对比，但在竞品分析中确实是竞品功能层面最常用的对比分析方法之一（图6-11）。

功能	竞品A	竞品B	竞品C	竞品D	竞品D
功能1	√	√	√	√	√
功能2	√	×	√	√	√
功能3	√	√	√	√	×
功能4	√	√	×	×	√
功能5	×	×	×	√	√
功能6	×	√	×	×	√

图6-11　Yes/No法所用的竞品功能一览表示例

通过Yes/No法对市场上现有竞品在功能方面的特征进行分析后，可以有针对性地规划项目所需解决的功能性问题。因为竞品面临着总体类似的使用背景，在满足必要功能的前提下，对非必要功能加以取舍可能有效提升产品的价格优势，而强调产品在魅力型功能上的优势则有可能大幅提升产品形象。Yes/No法可以与KANO模型及SWOT模型等组合使用，有助于在项目初期对用户中心设计团队所需解决的功能性问题进行全面的把握。

6.4.4　客户旅程图

客户旅程图指对目标客户为了实现特定目标而经历的过程进行可视化的工具，在市场营销、产品开发的过程中用于理解用户需求和发现产品或服务的痛点。在最基本的形式中，客户旅程图首先以用户目标和为达成目标而采取的一系列行为按照时间顺序构成基本骨架，并填入用户的想法、情感来充实这个框架，创造一个阶段性故事，随着故事的叙述在每个阶段辅以相应的设计和商业分析。这个流程经常被作为从用户体验导出产品分析结果的可视化工具（图6–12）。

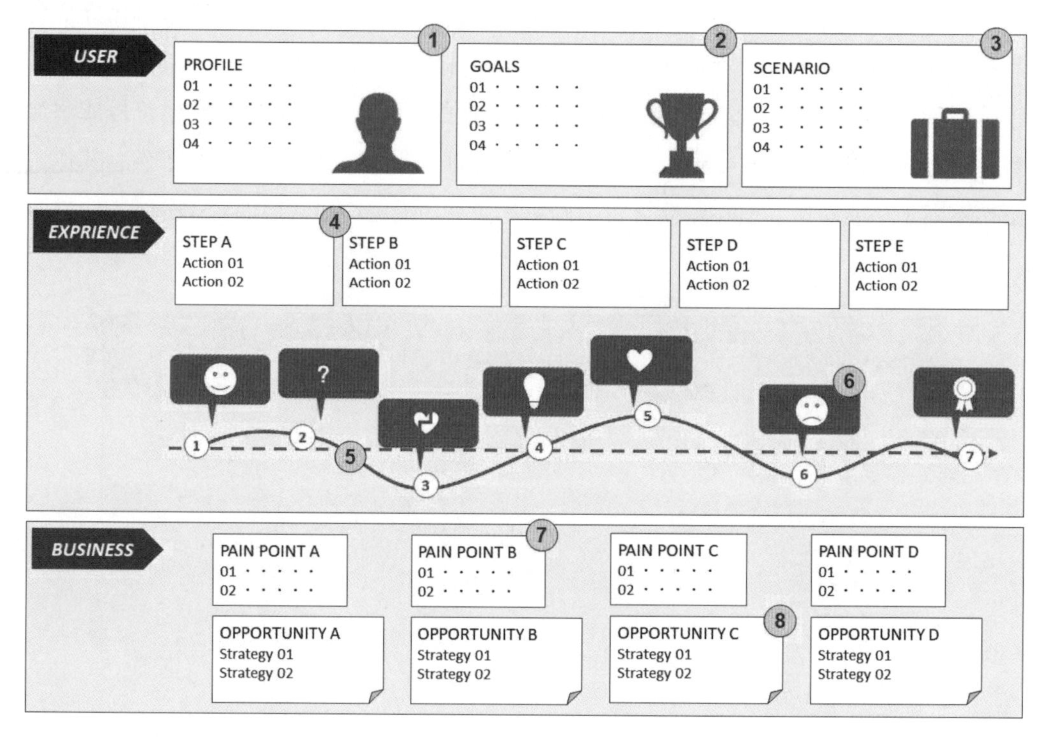

图6–12　客户旅程图

客户旅程图有不同的形式，但一般来说至少包括以下三个部分。首先是最上方的用户视角区域，本区域包括：用户信息，从目标用户群选取典型形象给出用户画像；用户目标，罗列用户希望通过使用产品达到的各类目标；使用场景，描绘用户使用产品的典型情景。其次是中间的用户体验区域，本区域包括：行为阶段，通过用户为达成目标采取的不同行为，将用户的行为过程分为不同阶段；情绪曲线，用户在行为过程中心情的起伏状态；用户思维，用户在行为过程中的所想所感。最后是最下方的商业思维区域，本区域包括：产品痛点，用户在使用现有产品的过程中感到不满并寻求解决方法的地方；商业机会，通过解决产品痛点而形成的设计和营销机遇。此外，客户旅程图还可能包括其他内容，如触点（用户与服务提供者的交互点）、渠道（传递通信或服务的媒介）、利益攸关者（与产品有利害关系的个人或商业实体）、客户价值（客户期望从产品中得到的满足）、组织价值（商业组织为提升用户体验可能发挥的作用）等。

客户旅程图把用户放在组织思考的前沿和中心，显示了产品和服务如何帮助用户实现目标，并鼓励设计团队考虑用户的感受、问题和需求。客户旅程图同时也是对访谈法、焦点小组、用户画像、用户情景、层次用户分析等方法应用成果的集大成者，因此应在正确使用前述方法的基础上引入客户旅程图，确保各类信息的导入、合成结果的完整性和易懂性。最终，客户旅程图将为设计团队提供用户体验的全景图，这将有助于识别出可用于提升用户体验的关键节点和相关的商业机会。

6.4.5　生态系统地图

生态系统地图（Ecology Map）是服务设计中特有的构思方法，用于表现服务系统中产品与产品、产品与用户之间的连接关系，其构建存在不同的表现形式，因此并没有固定的形式，绘制生态系统地图时应该根据项目的需要寻找合适的展现形式，但往往会重点表现用户（如用户属性、用户需求等）、服务（如服务内容、实现服务的交互方式等）、触点（如设备、信息等）三方面的内容，并使用诸如箭头、同心圆等元素表现用户对服务的要求，服务对触点的要求。当使用同心圆绘制生态系统地图时，还可以利用不同的服务阶段划分出不同的扇面，以表现出不同服务阶段中用户、服务、触点的相关内容（图6-13）。

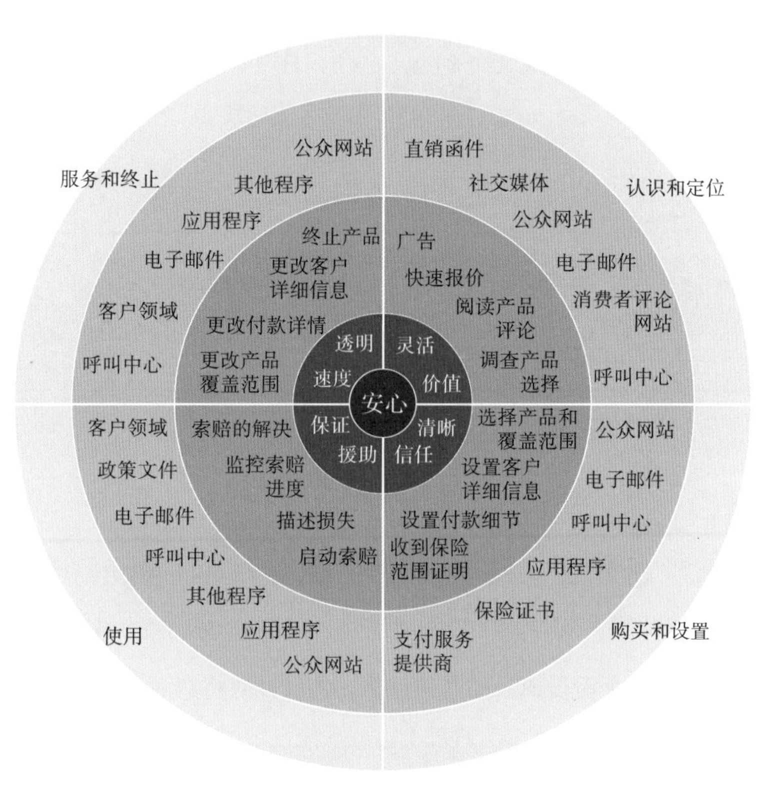

图6-13　生态系统地图图例

6.4.6 精益画布

精益画布是一种便于创业团队思考其商业模式的可视化工具，设计团队在构思产品和服务时可以利用其寻找市场切入点，明确项目的价值，发现核心竞争优势着手点，定义盈利模式，确定接触用户的渠道，最终形成一套导向创业目标的计划，并和设计开发实践进行结合。精益画布本质上是为了快速进行项目评估所做的一种评估策略，它由9个模块构成，对9个模块的分析有固定的流程和顺序，依次为目标客户（包括明确细分客户的属性，以及着重思考产品或服务的早期采用者）、问题（包括客户的痛点、需求，以及衡量现存方案与其中的问题所在）、解决方案、门槛优势、价值主张（包括产品或服务的独特卖点，并以言简意赅的方式进行概括性叙述）、成本结构、收入来源、渠道以及关键指标（图6–14）。

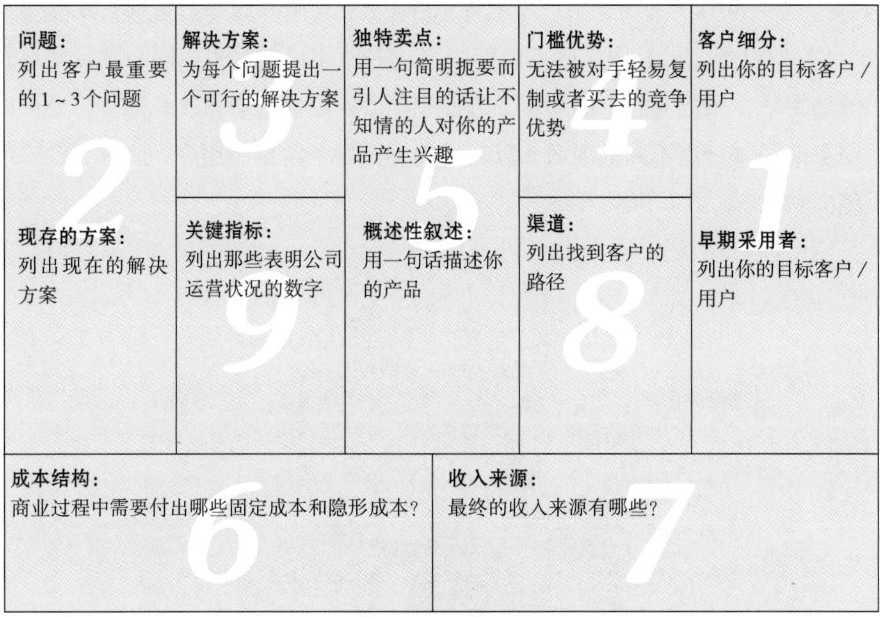

2 问题：
列出客户最重要的1～3个问题
现存的方案：
列出现在的解决方案

3 解决方案：
为每个问题提出一个可行的解决方案

9 关键指标：
列出那些表明公司运营状况的数字

5 独特卖点：
用一句简明扼要而引人注目的话让不知情的人对你的产品产生兴趣
概述性叙述：
用一句话描述你的产品

4 门槛优势：
无法被对手轻易复制或者买去的竞争优势

8 渠道：
列出找到客户的路径

1 客户细分：
列出你的目标客户／用户
早期采用者：
列出你的目标客户／用户

6 成本结构：
商业过程中需要付出哪些固定成本和隐形成本？

7 收入来源：
最终的收入来源有哪些？

图6–14 精益画布图例

6.5 设计评价的常用方法

设计评价是对前三个阶段成果的总体评估，在设计时将产品通过图像、原型或试制品进行仿真模拟后，对其能够在多大程度上达成预先设定好的设计目标进行评估，这一过程虽然可以由设计团队来执行，但是目标用户的参与更有助于确保评估结果的可靠性。

常用的设计评价方法包括观察法、日记调查法、焦点小组、启发式评估、眼动测试、A/B测试等。

6.5.1　观察法

观察法是指调查者根据一定的研究目的、研究提纲或观察表，在自然情境中或预先设置的情境中用自己的感官和辅助工具对调查对象的表情、动作、语言、行为等进行直接观察、记录而后分析以获得其心理活动变化规律的方法，科学的观察具有目的性和计划性、系统性和可重复性。观察法虽然需要调查者利用眼睛、耳朵等感觉器官去感知调查对象，但由于人的感知和记忆器官具有一定的局限性，往往需要借助各种现代化的仪器和手段，如照相机、录音机、录像机等来辅助观察。

观察法根据方式不同可分为自然观察法、设计观察法、掩饰观察法和机器观察法。自然观察法是指调查者在一个自然环境中观察调查对象的行为和举止；设计观察法是指事先设计一种模拟场景，调查者在其中观察调查对象的行为和举止；掩饰观察法是指调查者在不被调查对象所知的情况下观察他们的行为和举止；机器观察法是指用机器取代观察者对调查对象的行为和举止进行观察。

6.5.2　日记调查法

日记调查法用于收集有关用户行为、活动的体验随时间推移的定性数据，通过在一定时期内让调查对象按活动发生的先后顺序随时记录相关信息的研究方法。日记调查法可在一定时间内获取第一手数据，所提供的信息完整详细。当调查者希望对一段时间内的用户行为和体验进行纵贯性的调查和研究，仅仅依靠实验室环境中的调查非常困难。

日记调查法首先需要筛选并选定调查对象（即记录者）、记录节点和记录内容。随着科技的发展，原来的文字日记已被手机、相机、录音笔等代替，用于记录文字内容及图片、音频和视频信息。在分析阶段，一般将信息统一转化处理后，再根据时间、任务等进行整理分析。需要注意的是，日记调查法对于调查对象而言工作量大、周期较长，故难以保证调查对象的配合。对于调查者而言，获取的信息相对琐碎，因此分析难度较大。

6.5.3　焦点小组

焦点小组是指挑选一组具有代表性和同质性的调查对象，由经过训练的主持人以一种半结构或自然形式与小组中的调查对象交谈。实施焦点小组时有以下几个注意点：首先，虽然关于参与焦点小组的最佳人数尚无定论，但从实践来看多为5~9人。其次，通常需要事前准备，对议题及需要收集的数据加以规划，以从总体方向上规划半结构式的交谈。再次，主持人要在不限制调查对象自由发表观点和评论的前提下，保证谈论的内容不偏离主题。最后，主持人应在座谈的全过程中维持平衡，让每个调查对象都能积极地参与，避免部分调查对象主导讨论而另一部分消极参与。

焦点小组有两个常见目标。一是深入探索知之不多的研究问题。焦点小组适合迅速了解目标客户对某一产品、计划、服务等的印象；诊断新计划、服务、产品或广告中潜在的问题；收集研究主题的一般背景信息，形成研究假设；了解团体访谈参加人对特定现象或问题的看法和态度，为问卷、调查工具或其他量化研究采用的研究工具的设计收集资料等。二是为分析大规模、定量调查提供补充。焦点小组可在定量调查之后进一步收集资料，帮助更全面地解释定量研究结果。

在用户中心设计中，焦点小组的价值在于常常可以从自由进行的小组讨论中得到一些意想不到的发现，如消费者对产品形象、使用体验、营销策略等方面的深度评价，靠泛泛的调查很难获取这方面的信息，而通过焦点小组则可能有效收集用户的主观评价，并发现一些难以通过文字明确描述的潜在需求。

6.5.4 启发式评估

启发式评估是一种不涉及实际用户，高度依赖设计团队或其他外部专家的设计评价方式，首先召集由专家组成的少人数评估团队。经验表明，5 位评估人员通常能找出 75% 的可用性问题，通过口头或者书面的形式介绍产品或服务本身，以及评估团队所需要完成哪些评估工作。其次让团队内的每位专家通过扮演典型用户的角色模拟其使用产品或服务的场景，独立对产品或服务的可用性进行检查并找出其中潜在的问题。最后，评估团队中的专家们集中讨论各自的评估发现，确定问题的优先级并提出解决方案。

用启发式评估来对用户界面的设计进行评价时，有10条最常用的设计评估规则，被称为尼尔森十大可用性原则。包括：系统状态的可视性，即让用户知道系统在做什么，当系统状态有反馈时等待时间必须在合理范围内；系统与现实世界的匹配，即贴近实际生活，信息的展示要自然贴切，逻辑正确，将用户认知成本降到最低；用户可控性/用户自由，即操作失误可退回；统一和标准，即同一事物和同类操作的表示要各处保持一致，避免让用户考虑不同的单词、场景、动作是否意味着同样的东西；防错性，即或者消除容易出错的条件，或者在用户触发操作时向他们提供确认选项，及早消除误操作；识别胜于回忆，即通过将对象/操作/选项可视化，减轻用户记忆负担，而非迫使用户记住相关操作；灵活高效，即通过合理的设计让用户在操作过程中更加灵活高效，尤其是为新手和专家设计定制化的操作方式；美观简洁，即减少无关信息、体现简洁美感；帮助用户识别、诊断和从错误中恢复，即系统出现错误时要向用户明确展示错误信息，积极提供解决方法以协助用户尽快从错误状态中恢复正常；帮助和文档，即提供必要的帮助提示与说明文档。

上述10条设计评估规则是从长期的设计实践中凝练而来，将有助于评估团队快速锁定问题并思考合理的解决方式。总体而言，启发式评估由于不涉及用户，所以面临的实际限制和道德问题较少，但对于评估团队的经验和技能则提出了较高的要求。

6.5.5　眼动测试

眼动测试指通过视线追踪技术，应用眼动仪和相关软件监测用户在看特定目标时的眼睛运动和注视方向并进行相关分析的过程。当调查对象在使用产品时，通过其眼球运动所获得的信息相较于一般的访谈法或问卷调查，往往能获取更多隐藏但有价值的内容。

眼动仪一般可以分为非接触式红外眼动仪和头戴眼镜式眼动仪，两者技术原理差别不大，都是先使用机器视觉技术捕捉瞳孔的位置，然后将这个位置信息通过内置的算法进行计算，获得用户在所看的界面上视线的落点，即用户当前注视点在界面上的位置。在眼动测试中能够记录的眼部活动主要包括："注视"，即用户视线停留在界面某处并保持一段时间的稳定过程，此时用户会对注视到的信息进行理解；"眼跳"，即用户从一个注视点跳到另外一个注视点的运动过程，一般情况下眼跳不会对视线经过的信息进行理解。眼动测试可以得到热点图，也可以得到视线扫描路径，前者反映用户注视界面不同位置的时间长短，后者反映用户眼跳的轨迹。

通过眼动测试，可以了解用户的注意力在界面上的各元素上是如何分配的，或是了解用户在界面上的决策过程，还可以评估产品视觉设计与用户心理预期或商业目标是否匹配，此外有助于可用性测试中深挖可用性问题的原因（图6-15）。

图6-15　通过眼动测试得到的热点图可以发现用户的重点关注区域（来源：Tobii）

人所接收到的外界信息有80%来自眼睛所建立的视觉通道，同时人在进行思维或心理活动时会将其活动过程反映在眼动行为上。可以说，眼动追踪技术是当前科技允许的条件下，“透视”人类思维最为直观有效的途径。但是有以下几个相关因素还需要我们考虑：有时候注视不一定会转化为有意识的认知过程（“视而不见”现象）。例如，盯着屏幕发呆，眼动仪依然会判断你在注视某部分的内容，但实际上你此时并没有相关的心理活动。注视转化的方式可能有所不同，这取决于研究的内容和目的。例如，若让被试随意浏览某个网站，在网页某个区域注视的次数较多，可能表明这个人对该区域感兴趣（如某张照片或某个标题），也可能是因为目标区域比较复杂，理解起来比较困难。因此，清楚地理解研究目的以及认真仔细地制订测试方案对于眼动追踪结果的阐释很重要（图6–16）。

图6–16　机场可穿戴式眼动追踪与导向标识系统研究

眼动追踪只是提供了“透视”人类思维的方法，但和人的真实想法肯定是有差距的，不可唯眼动数据论，结合其他方法，如“有声思维”、访谈等也是十分重要的。眼动追踪可用于用户体验与交互研究（网页可用性、移动端可用性、软件可用性、游戏可用性、视线交互研究），可提供能够揭示可用性问题的用户行为数据，这是一种非常客观和直接的研究方法。用户体验与人机交互研究人员可使用眼动追踪对用户界面和用户体验进行考察和优化。

6.5.6　A/B测试法

A/B测试是为网页、系统或UI制作两个（A/B）或多个（A/B/*n*）版本的原型或内测版本，在同一时间维度分别让组成成分相同或高度类似的访客群组（目标用户）随机地访问或使用这些版本，收集各群组的用户体验数据和业务数据，通过分析、评估筛选出最好版本予以正式采用。A/B测试本质上是一种“先验”的预测型结论，与“后验”的归纳性结论有所不同，其目的在于通过科学的实验设计、采样样本代表性、流量分割与小流量测试等方式来获得具有代表性的实验结论，并确信将该结论再推广到全部流量可信。

以网页设计为例，使用A/B测试首先需要建立两个用于对比的测试页面，这两个页面可能在标题字体、背景与配图、措辞方式、服务切入点、转换激励措施等方面不同，将这两个页面以随机的方式同时推送给经过筛选后被认为具有代表性的目标用户，接下来分别统计两个页面的用户转化率，即可清晰地了解到两种设计的优劣，并根据对比实验的结果进行有针对性的改进（图6–17）。

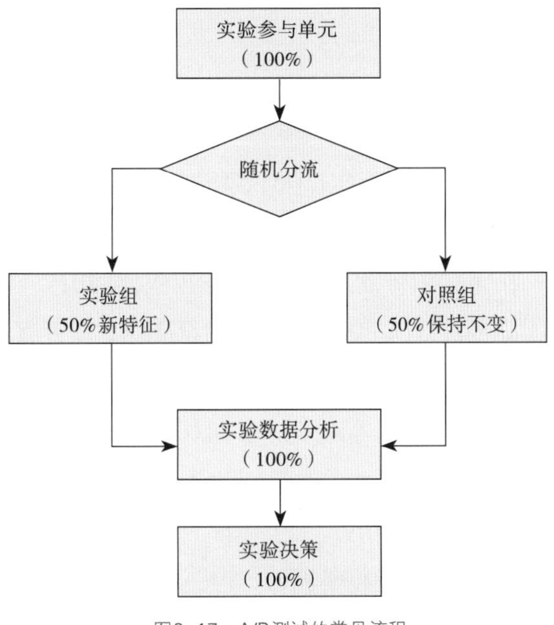

图6–17 A/B测试的常见流程

思考题

1. 思考不同类型的故事板在用户中心设计流程中的优劣，并结合实例加以阐述。
2. 尝试利用5W2H分析法来归纳你熟悉的某款产品的使用背景。
3. 尝试利用SWOT分析法来评估一个你喜欢的品牌在该行业中的现状。
4. 尝试利用Yes / No法为一个你喜欢的电子产品与市场上的竞品进行对比分析。

参考文献

[1] 里斯，特劳特. 定位[M]. 邓德隆，火华强，译. 北京：机械工业出版社，2021.

[2] Andy Polaine，Lavrans Lvlie，Ben Reason. 服务设计与创新实践[M]. 王国胜，张盈盈，付美平，等译. 北京：清华大学出版社，2015.

[3] 诺曼. 设计心理学1：日常的设计[M]. 增订版. 小柯，译. 北京：中信出版社，2015.

[4] Frank E Ritter，Gordon D Baxter，Elizabeth F Churchill. 以用户为中心的系统设计[M]. 田丰，张小龙，等译. 北京：机械工业出版社，2018.

[5] 加勒特. 用户体验要素：以用户为中心的产品设计[M]. 2版. 范晓燕，译. 北京：机械工业出版社，2019.

[6] 毕重增. 消费心理学[M]. 2版. 上海：华东师范大学出版社，2012.

[7] 丁玉兰，程国萍. 人因工程学[M]. 北京：北京理工大学出版社，2013.

[8] 董建明，傅利民，饶培伦，等. 人机交互：以用户为中心的设计和评估[M]. 北京：清华大学出版社，2016.

[9] 郭伏，钱省三. 人因工程学[M]. 2版. 北京：机械工业出版社，2018.

[10] 李彬彬. 设计心理学[M]. 2版. 北京：中国轻工业出版社，2015.

[11] 李乐山. 工业设计心理学[M]. 北京：高等教育出版社，2004.

[12] 罗子明. 消费者心理学[M]. 4版. 北京：清华大学出版社，2017.

[13] 赵江洪. 人机工程学[M]. 北京：高等教育出版社，2006.

[14] 腾讯公司用户研究与体验设计部. 在你身边，为你设计：腾讯的用户体验设计之道[M]. 2版. 北京：电子工业出版社，2018.

[15] 腾讯公司用户研究与体验设计部. 在你身边，为你设计Ⅱ：腾讯的移动用户体验设计之道[M]. 北京：电子工业出版社，2016.

[16] 周承君，赵世峰. 设计心理学与用户体验[M]. 北京：化学工业出版社，2019.